53個有趣、好玩的 浴室 + 水池 遊戲
啟發孩子的7大感覺統合系統，提升學習力

新手父母

孩子的
水中感統遊戲

專業職能治療師
曾威舜・吳孟潔
呂家馨・吳宇辰 ◎合著

適用
12歲以下

| 目錄 |

Chapter 1

什麼是**感覺統合**？

▶ 大腦整合各種感覺輸入過程。

Chapter **2**

孩子的**水中感統遊戲**

▶▶ **浴室**
水中感統遊戲

▶ 遊戲 2：雨水跳舞

▶ 遊戲 4：嚕啦啦

我的氣球～

▶ 遊戲 6：泡泡氣球傘

▶ 遊戲 11：浴室鼓手

▶ 遊戲 15：擠柳橙汁

▶ 遊戲 21：海底寶藏箱

▶ 遊戲 27：地鼠撿果實

▶▶ 水 · 泳池
水中感統遊戲

▶ 遊戲 2：漂漂搖籃

▶ 遊戲 6：雲霄飛車

▶ 遊戲 10：蜘蛛人盪鞦韆

▶ 遊戲 12：農夫市集

▶ 遊戲 18：製造大海浪

▶ 遊戲 21：壓扁吐司、壓扁麵條

▶▶　遊戲書使用說明　◀◀

　　書中以職能治療師的觀點，簡介「感覺統合」概念，說明感覺統合在日常生活的重要性與學齡前兒童發展的關係。基於遊戲是孩子的天性與權利，遊戲的重要等同於吃飯和睡覺的觀點，我們設計了53個有趣、好玩的水中感覺統合遊戲。

　　水中感覺統合遊戲（以下簡稱：水中感統遊戲）依場地、教材及物品的取得難易，分為家中浴室和戶外泳池遊戲，期待透過不同的刺激及步驟式的引導，協助家長選擇合適孩子能力的水中遊戲。

● **感統資訊：**
　在遊戲的篇幅中，每個活動會有一個雷達圖來視覺化孩子需要統合哪些感官資訊。

● **遊戲資訊：**
　遊戲口訣、準備工具、玩法步驟。

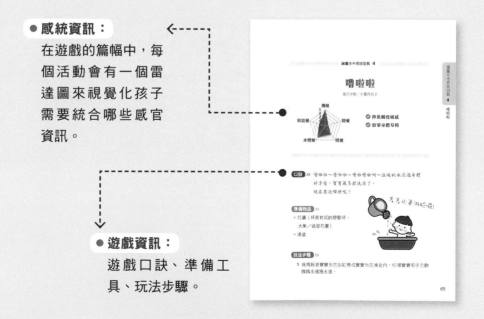

● **變化玩法：**
說明如何調整遊戲的難易程度。

● **遊戲優點：**
選擇適當難度的遊戲對孩子發展的益處。

● **水中感統小叮嚀：**
解釋該遊戲在水中玩的特殊性、重要性及過程中的注意事項。

● **職能治療師告訴你：**
介紹兒童發展小知識及書中出現的專有名詞，並彙整國內外實證研究。

小提醒！
本書分享的「感覺統合」為臨床治療之理論基礎。「水中感統遊戲」是參考理論所設計之感覺動作遊戲，非臨床使用的感覺統合治療。

11

在家中易於執行的水中感統遊戲

文／**黃暐恬（恬兒）**

職能治療師、KidPro 醫學級兒童發展教育團隊創辦人

　　大家一定都會發現，孩子就是有那麼一段時間，非常喜歡玩水，水對於孩子就是有一種吸引力。身為家長的我們，看到孩子玩水，總是會心一痛，不是想到等一下又有的收拾了，不然就是怕著涼；但到了洗澡時間，又一堆孩子三催四請才到浴室裡，弄的家長們對水是又愛又恨，那要怎樣才能脫離這個循環呢？

　　其實玩水對孩子的發展真的是好處多多，不僅是促進動作、互動、語言、學習的發展，還能夠促進孩子的感覺統合發展。一些專業的治療師也會以水為媒介，來促進孩子的多元發展。

　　OFun 團隊的職能治療師們，有的是當我在台大醫院服務時，就認識的同業夥伴，有的是在台大實習的優秀學生。這群職能治療師，本身就是感覺統合理論的專家，更在嬰兒游泳這個專業領域深入鑽研，當這兩個專業領域結合，更能夠幫助孩子透過水中遊戲，來促進多元發展，以及在感覺統合發展上打下良好基礎，所以這本書更是專業下的心血結晶，孩子們的福音。

本書中研發的遊戲，是在生活裡，不論是浴室中、水／泳池中，都能夠容易執行的，也有為不同年齡的孩子，做不同的遊戲難度調整；且遊戲設計都立基於發展理論、感統理論，讓家長們可以輕輕鬆就將學習融合在水中遊戲裡。

　　書中除了遊戲內容外，也有許多紮實的理論闡述，不論是家長，還是保母等幼教相關人員，都能夠清楚遊戲的運作基礎，也能為自己的專業領域上，增加不少利器。

　　真的是一本寓教於樂、專業和實用滿點的好書。

有趣、好玩的專業水中感統遊戲書

文／**駱郁芬**
米露谷心理治療所所長、臨床心理師

「哇！這本書我一定要自己珍藏一本！」收到威舜邀請寫推薦文時，我第一個反應就是這樣。

我的孩子目前三歲多，個性纖細敏感，在媽媽朋友中是出名的毛多，面對各種新的事物，都需要很長的時間觀望、預備，對於後果或風險覺得無法掌握時，也很容易緊張焦慮。

身為兒童心理師，我自然用了很多方式在陪伴他的焦慮，但我也看見除了心理上的處理，有時他也需要一些「身體」的處理。幸好，我身邊有許多職能治療師。過往在醫學中心早療團隊的工作經驗，讓我深知職能治療師在感覺統合領域的專業。

在我最仰賴的媽媽群組中，包含作者之一（宇辰）在內的職能治療師們就是帶小孩點子王，身邊物品信手捻來就能幻化為各種小活動，而且每種都可以有練習目的。在他們的「薰陶」下，鞦韆、滑步車、彈跳床等都開始有了不一樣的意義。

這樣還不夠，同時身為幼兒游泳老師的宇辰，也進一步讓我們看見「水」在孩子的發展中，可以有多少的可能性及價值。才體驗了幾次宇辰的帶領，戲水活動就大幅躍升為我們親子間最喜愛的親子活動類型之一了！

　　因為體驗過水中遊戲的魅力，這一次看到四位專業的職能治療師寫出這本書，真是太驚喜了！書中涵蓋了大量的活動，每一種看起來都好有趣又真的可以做得到。書裡的遊戲不只好玩，還有專業的 OT 小知識在裡面，除了符合我自己的龜毛，很在乎要知道活動背後的道理。此外，寫過書才會知道，這背後代表著大量的專業與用心，更能看出這本書的價值！

　　從兒童心理師在臨床工作上看見的專業，到幼兒母親在實際的生活中看見的實用，誠心推薦本書，也迫不及待想要跟孩子一起玩遍每一個活動了！

期望透過職能治療的專業經驗，

讓孩子的水中遊戲更有意義！

　　研究發現，學齡前兒童接觸 3C 產品的時間越多，會影響到親子
互動和運動的時間，若要推廣學齡前兒童的運動，水中感統遊戲就是
一個很好的開始。水中感覺統合遊戲，利用水的各種特性，提供孩子
多元的感官刺激，還有各種動作的練習。不只親子同樂，也在遊戲的
過程，促進大腦神經元的連結，累積各種感官與動作整合的經驗，提
供全方位的感覺統合刺激。

　　療癒身心的水中世界，同時具備的觸覺、本體覺、前庭覺的感
官刺激，這更是感覺統合的根基。在兒童發展、感覺統合、遊戲活動
設計的教學與實務經驗中發現，相較於陸地，水更是難以取代、充滿
魅力及自由的學習環境。除了游泳，有更多的遊戲讓孩子能夠豐富感
覺刺激、增加動作經驗。

　　在與特殊兒工作經驗中，我們發現大多數的孩子都喜歡在浴室
玩水「上課」。看著孩子用水玩著經過設計的感統遊戲，那發亮的眼
神與不想下課的表情，讓我們更相信「水」是個很特別的媒介。不論
是全身泡在水中玩水，還是在浴室用水來玩感統遊戲，富有多變性質
的水，都是陪伴孩子成長的好夥伴。

所以無論是一般或特殊孩子，水中環境都給予了非常豐富的感覺動作經驗，進而促進孩子們的感覺統合發展，增進孩子們的情緒、人際、專注力與學習的表現，帶孩子玩水不只是好玩，更具教育意義。在帶領親子課程的過程，更進一步讓我們體驗到家長與孩子連結的重要性，當彼此都感受到安全與信任時，放鬆的情緒更增加了孩子對水的興趣。家長可以漸進的帶著孩子認識水中環境，並能克服環境挑戰，這個過程能反映出家長學習到如何觀察與引導孩子，增加親子關係的信任度。

　　各位父母在家中可以跟著本書內容，每天洗澡的 15 分鐘，也能帶著寶貝享受玩水的樂趣，在日常生活就能刺激孩子感覺統合的能力；更可以到泳池去玩，感受不一樣的空間感。讓我們一起帶孩子愛上水，共創親子互動的美好時光吧！

文／職能治療師 **曾威舜 吳孟潔 呂家馨 吳宇辰**

▶▶ 水中感統遊戲 Q&A ◀◀

Q 什麼是水中感統遊戲，
和一般的感統訓練有什麼不同？

A 感覺統合理論是由美國 Ayres 博士所提出的，結合了兒童發展、神經科學、心理學與職能治療的概念，形成了現今兒童發展治療的重要理論。感覺統合的治療基於對孩子感覺統合能力的評估來進行，並且依據孩子當下的狀態引導調整。在台灣的醫療法規中，「感覺統合治療」需由國家高考合格的職能治療師進行。然而感覺統合的理論不只可用於治療中，在日常生活中也相當實用，因此治療師常與家長分享「以感覺統合理論為基礎的遊戲」。

近幾年國外開始有了「水中感統治療」，由受訓過的治療師，利用水中環境的特性來進行感覺統合治療，是一種結合感官刺激、水的特性，又有肌肉挑戰的活動。而在水中也因為有浮力，體重因為水深不同可減輕 20 ～ 90％不等，因為身體輕巧了許多，容易做出在陸地上做不到、覺得費力的動作，提供孩子更多不同於陸地上動作經驗的可能性。

在台灣，目前顯少有進行「水中感統治療」的機構，水中遊戲能提供給親子的益處也尚未廣為人知。因此本書以「感覺統合理論」為基礎，結合多年臨床經驗設計出水中感統遊戲，提供親子遊戲互動時有更多的選擇。

Q 水中感統遊戲可以提供孩子哪些感覺刺激？

A 在水中活動可以獲得更豐富的感覺，尤其感覺統合中的三大感覺基礎（觸覺、本體覺、前庭覺），幫助孩子在感覺統合的發展。

- **觸覺：**水裡可以提供豐富的觸覺刺激，尤其水流不斷改變的情境，觸覺刺激遠高於在陸地環境上。此外，在水中還可以接受到全身均勻的深壓覺（皮膚接受均勻壓力的感覺），可幫助孩子情緒放鬆與穩定。

- **本體覺：**在水中動作的過程，因為水的阻力因素，增加了肢體動作的本體覺回饋，有助孩子對於身體基模（身體概念）的建立、學會控制自己的肢體，並讓活動力較大甚至較衝動的孩子容易冷靜下來。此外，相較於一般陸地上的情境，執行動作時較無法以視覺輔助，因此更需要大量的本體覺協助處理。

- **前庭覺：**前庭覺過度敏感的孩子，在水中可能因重力的感受改變、腳踩不到地，或是姿勢改變時，產生緊張焦慮的情緒，甚至出現害怕抗拒的行為。因而水中感統常設計許多需要身體姿勢改變的遊戲，無論是在俯漂、仰漂、攀爬、跳水等，都會挑戰孩子前庭覺處理的能力。

19

水中感統遊戲對親子有何益處？

 水中感統遊戲可以促進親子之間的正向依附關係。

　　依附關係指的是親子關係中的不同依附型態。初生的寶寶必須仰賴父母的照顧以維持生命；當寶寶感到不舒服或是餓了時，即會哭泣，讓照顧者注意到寶寶的需求，並且回應寶寶。

　　在寶寶的先天氣質、被照顧的需求、父母對寶寶需求的回應下，親子間形成獨特的互動模式，展現出不同的依附型態，不僅影響孩子在親子關係中的情緒行為展現，也影響著孩子探索外在世界的安全感，形塑了孩子未來建立人際關係的能力。

　　水中遊戲是一個很特別的場域，不論是對照顧者還是孩子，泳池是相對於陸地更不熟悉的環境，孩子的安全感需求會較平時高，而照顧者也應全心注意孩子的安全性，特別留心孩子發出的需求訊號，例如：皺眉、扁嘴、快要哭泣、害怕或不舒服的表情。

　　除此之外，在某些活動中，孩子必須依靠照顧者抱持，在身體的接觸與適切回應孩子的需求下，也有助於建立親密依附。

Q 若孩子的動作發展稍微慢，
進行水中感統遊戲有幫助嗎？

A 孩子的粗大動作或精細操作發展雖然有其順序，排除先天疾病造成的發展遲緩後，與每個孩子在遊戲、感官探索、親子互動的經驗有關。

所謂熟能生巧，要有基礎動作的累積，才會有下一個階段的技巧出現；孩子操作玩具的經驗多，手指發展也會比較熟練、超前；孩子在地板遊戲的時間少，手臂和雙腳動作整合或核心肌肉穩定也就比較慢。

水中感統遊戲是一種富有感官刺激、省力又有肌肉挑戰的活動。書中介紹包含家中浴室進行及泳池進行的水中感統遊戲，透過水的特性與專業的遊戲設計可以累積孩子的發展經驗。

例如，水的浮力來自四面八方，有著流體包覆效果，家長會發現，孩子在水中容易坐的穩。此外，水中的阻力，可以讓孩子活動到全身的肌肉，有肌力訓練的效果。

▶ 家中浴室進行的水中感統遊戲。

Q 孩子不喜歡水，是否代表感覺統合有問題，怎麼開始水中遊戲？

A 很多原因都可能造成孩子怕水或是抗拒玩水，例如仍在適應環境、觀察同儕、過往有強烈的負向經驗（溺水的恐懼等），對感覺統合失調的孩子，可能是因為挑戰的難度過高，也會有怕水的表現。

- **觸覺**：觸覺敏感的孩子可能會過度排斥臉上有水、無法接受周圍其他同儕游動造成的水流改變，或強烈排斥耳朵接觸水的感覺等。

- **前庭覺**：前庭覺敏感的孩子對於水中浮力而影響重力的感覺會非常焦慮，像是雙腳踩不到地、姿勢改變、仰漂等活動，都需要比一般同儕更久的時間適應。

- **本體覺**：本體覺運用失調的孩子對於動作方向、力道、幅度的控制不佳，加上水中環境比較無法以視覺輔助，孩子就因此容易排斥需要動作計劃的水中遊戲。

　　分析孩子害怕或排斥的原因是最重要的步驟！理解後家長在引導的過程會更有耐心並找到方法。例如，怕水的孩子可參考「製作冰淇淋遊戲」，讓孩子先習慣在水中的感覺，並藉由遊戲讓孩子漸進式感到放鬆；對環境適應較慢的孩子，則可參考「漂漂搖籃」，試著多利用觸覺與緩和的前庭覺讓孩子慢慢適應。

Q 為什麼孩子在家洗澡時喜歡水，
但到泳池就顯得害怕？

A 對於生活經驗不如成人豐富的孩子來說，到達一個新環境
時，需要面對很多未知數。因此預告、提前到現場讓孩子觀
察、感受新環境是非常重要的。家長可以在岸上陪伴孩子一起討論池
子裡的人事物，等孩子慢慢熟悉後，就可以在水裡拿孩子喜歡的玩具
吸引孩子，慢慢引導孩子入池。抱著或牽著小孩的手，繞繞現場，帶
著孩子認識看到、聽到、摸到的東西，降低孩子對於不熟悉的感覺訊
息的處理負荷與焦慮。

不過到達一個新環境，孩子其實不只要適應物理環境，不熟悉的
大人或同儕也常常是孩子需要花時間適應的主因。進入新環境初期，
可先減少孩子與陌生人過多肢體與表情互動，嘗試讓孩子與對方無互
動的玩「平行遊戲」，像是自己玩踢踢水、洗澡玩具等，更容易讓孩
子安心地慢慢適應環境。

▶ 嘗試讓孩子自己玩踢踢水，更容易讓孩子安心。

23

Q 對於新挑戰較退縮的孩子，
要怎麼引導孩子嘗試水中感統遊戲？

A 較退縮的孩子，有可能是需要花多點時間適應環境與老師、同儕，也可能是孩子本身個性較謹慎，對於新的動作經驗挑戰都需要花較久的時間。

無論是何種原因，讓孩子先藉由「遊戲」的方式進行，是最能增加孩子接受度的方式。例如，在孩子抗拒嘗試自己抓著牆壁爬行，此時，家長除了可先給予較多的肢體協助外，若將這個動作包裝成遊戲方式進行，例如：「我們要來當小螃蟹！」、「要帶小章魚一起爬牆壁」等，可以發現許多孩子雖然還是會緊張或害怕，但也會增加孩子願意嘗試的動機。

在孩子的發展過程中，「玩」是孩子與生俱來的本能，若孩子對環境感到安全時，孩子對於「玩遊戲」是充滿動機、躍躍欲試。因此如何將新的挑戰，轉換成足夠吸引孩子的遊戲，是讓孩子能成功參與的技巧之一。

水中感統遊戲初期，除了動作技巧的引導，更重要的是家長觀察與引導孩子的過程。較退縮的孩子，家長若具備有效引導讓孩子願意嘗試的技巧，不只可以大大提昇參與度，甚至也都可以類化到日常生活的其他情境。

Q 在家中與泳池進行有什麼差異？
各有什麼需要注意的地方？

A 家中環境簡單且較不需要適應，是一個熟悉的環境。針對月齡比較小或較敏感的寶寶，是初期接觸水時非常適合的環境，方便且容易開始，能夠累積寶寶對於水的經驗和增加接受度。

泳池因為水深較深、水流較多、空間非常充足等環境優點，能夠提供寶寶更加豐富的感覺動作經驗。同時會有各種聲音和光線的刺激，對於高敏感的寶寶可能會較無法接受，可以選擇人數較少的時段，讓寶寶逐漸適應環境。在泳池遊戲可以遇到其他寶寶，是一個社會互動（同儕互動）的機會，學習觀察、等待、共享、共玩。

若需要使用較大區域，例如兒童池、教學池等環境，或是使用自行攜帶的大浮板等道具，建議還是要和泳池人員討論，取得泳池的同意。而對於皮膚較為敏感的寶寶，和家中不同的是有各種水質消毒方式以及無法隨意調整的水溫，可以選擇合適水溫和皮膚能夠適應的玩水空間。

無論在哪一個環境，考量寶寶的水性和適應程度，家長們都還是需要留意水的危險性。水的深度、寶寶的身高與發展能力，都還是會遇到各種危險狀況的發生。不論水的深淺，都要留意寶寶，避免讓寶寶一個人獨自在水池和浴室玩。

▶ 泳池因為水深較深、水流較多、空間充足，能夠提供豐富的感覺動作經驗。

有時候會遇到水性很不錯的寶寶，提醒家長要注意自己寶寶對於遊戲活動的接受程度，不強迫寶寶練習，也不要模仿其他孩子的表現，依照寶寶自己的進度和接受度，漸進地引導寶寶享受玩水時光。

▶▶ 簡介孩子的七大感覺系統

視、聽、嗅、味、觸、前庭、本體覺，透過圖示和生活中的舉例說明，幫助爸媽認識感覺系統對於孩子成長發展過程的重要性。

感覺統合對於孩子超級重要！它和動作發展、協調、情緒、人際互動、生活自理、自我實現都大有關係。

什麼是「最適挑戰」？讓孩子在日常生活和遊戲活動中，能夠自己完成、符合能力的挑戰，也透過完成挑戰可以得到勝任感。

Chapter **1**

什麼是
感覺統合？

孩子的七大感覺系統

　　人的大腦接收各種感覺訊息後，會進一步處理訊息的資訊，最後達成有效率的與環境互動，即為「感覺統合」。例如，嬰兒喜歡搖搖睡、擁抱可以讓人放鬆與冷靜、開車時想睡可以吃口香糖醒腦，其實生活中的這些小動作，都是「感覺統合」，包含：視、聽、嗅、觸、味覺、前庭覺、本體覺等七大感覺系統。

　　感覺統合是調節、整理及組織感覺，並依此產生反應的複雜歷程，不只影響動作表現，也與孩子展現的情緒息息相關。感覺統合與動作能力並非一出生就內建有的功能，而是在與環境互動的感覺與動作經驗之下發展出更成熟的統合，並且達成一個又一個動作里程碑。

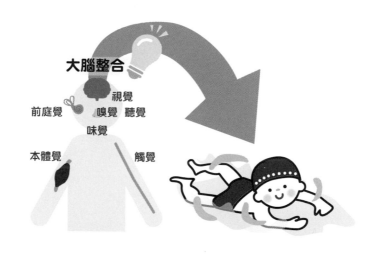

大腦整合

前庭覺　　　嗅覺　聽覺

視覺

味覺

本體覺　　　　觸覺

▶ 大腦整合各種感覺輸入過程。

視覺 ▶▶ 觀察環境與動作能力息息相關

視覺與動作能力息息相關，從嬰兒時期開始學習控制眼球持續聚焦，伸手碰觸玩具、抓握；在移動時持續注視著物品、調整動作以避免撞到障礙物等。孩子日常生活中需要許多視覺動作整合與手眼協調能力，以眼睛看著並操作玩具，例如：堆疊積木、接球、畫畫等。

除了與動作發展有關外，視覺的訊息傳到大腦時，也會進一步區辨與解釋，稱為視知覺能力。視知覺能力讓我們可以找到需要的物品、有效率的抄聯絡簿、寫作業、閱讀等活動，對於孩子的課業學習相當重要。

▶ 在移動時持續注視著物品、調整動作。

聽覺 ▶▶ 接收、區辨、解讀聲音訊息

聽覺的接受器位於耳朵內部，輕柔和緩的音樂讓人感到放鬆；急促大聲的聲響則讓人感到警醒。當大腦接收聽覺資訊後，進一步的區辨、解讀訊息，稱為聽知覺能力。

聽知覺能力讓孩子可以聽懂規則、指令、故事等，此外，在與人互動及對話的情境當中，也需要利用聽知覺能力來理解他人所表達的意思。聽知覺能力不佳的孩子，容易出現好像都沒有在聽別人說話，上課常常呈現容易分心的狀態等。

▶ 利用聽知覺能力來理解他人所表達的意思。

嗅覺 ▶▶ 影響孩子的安全感、食慾、精神

　　在出生後的 1 個月內，寶寶的嗅覺即已發展成熟，因此在哺乳時期，對媽媽身上的味道會感到熟悉、有安全感，有些寶寶需要有媽媽衣服的陪伴在旁才不容易驚醒。嗅覺系統與食慾相關，例如在感冒時的嗅覺失靈，也會影響孩子的胃口等。

　　在日常生活中，精油的味道讓人覺得心情放鬆，而氣味紛陳的市場食物味道，則容易讓人覺得不舒服，這些都是嗅覺系統的影響。

▶ 有些寶寶需要有媽媽衣服的
　陪伴在旁才不容易驚醒。

味覺 ▶▶ 認識食物

　　味覺分為酸、甜、苦、鹹，每個人天生的味覺敏銳度便各有不同，當然味覺與後天的嘗試、訓練有關，例如美食家具有非常敏銳的味覺，除了先天因素外，後天不斷的嘗試與細細品嚐各種食物，讓其更能區辨食物細微的差異。

　　在寶寶 4 ～ 6 個月開始嘗試副食品後，應少量、逐步訓練寶寶嘗試各種味道的食物，觀察孩子對食物的接受度（有無過敏的情形）。

▶ 訓練寶寶嘗試各種味道的
　食物。

若孩子對某種食物有嚴重挑食的情形，或非常排斥嘗試新食物，則可能需要考慮味道、質地（咀嚼提供口腔本體覺、觸覺）、溫度（口腔的觸覺）的因素。

許多時候，味覺也會影響大腦整體的狀態，如吃了酸酸的食物後，許多人會感覺清醒，這就是味覺改變了警醒度的特殊狀況。

觸覺 ▶▶ 感受皮膚表面的輕碰、深度重壓

觸覺接收器位於皮膚，觸覺可分為輕觸覺與深壓覺。輕觸覺指的是在皮膚表面的輕碰，如搔癢；深壓覺指的是皮膚接收到外在深度重量或壓力，如緊抱。

觸覺與情緒息息相關，當孩子對於觸覺過度敏感時，容易因為他人不經意的碰觸、衣服質地或標籤等感到焦躁或生氣；相反的，深壓覺則讓人感覺到情緒放鬆，像是蓋上重重的厚棉被、被緊緊地擁抱或按摩時，會讓孩子感到舒服與冷靜。

觸覺也影響孩子的手部小動作發展。當孩子的手觸摸各式物品時，觸覺輸入的解釋幫助孩子區辨材質、溫度、形狀、重量，讓孩子在操作物品時能夠正確辨識目前是否有拿好物品，進而使用正確的力量操作，成為手部精細動作發展的基礎。

▶ 手觸摸物品時，觸覺輸入的解釋幫助孩子區辨。

前庭覺 ▶▶ 調整身體姿勢、維持平衡

前庭覺接受器位於耳朵內耳的半規管與耳石，負責偵測頭部的位置及移動的速度，尤其是頭部位置改變時，因此當孩子在倒立、轉頭、跑步、轉圈圈、盪鞦韆、溜滑梯時，皆有豐富的前庭覺輸入。

當偵測到身體與頭部的位置改變時，前庭覺的訊息會提醒孩子調整身體姿勢與維持平衡，像是被絆倒時，頭部與身體的位置發生改變，孩子會出現保護動作或是往前跨一小步避免自己跌倒。但若大腦無法正確且快速地解讀前庭覺訊息，孩子容易出現平衡不好，甚至對於移動身體會產生緊張的行為表現。

前庭覺也影響網狀活化系統。網狀活化系統負責我們大腦的警醒程度（清醒狀態）；規律節奏、緩慢的前庭覺輸入可讓大腦較平穩冷靜，因此規律、慢速與小幅度擺動的搖籃，可以幫助嬰兒入睡；相反的，強烈的前庭覺輸入，像是跑、跳與旋轉，可以讓大腦清醒，因此下課時間讓孩子跑跑跳跳，反而會更有精神。

▶ 孩子跑步時有豐富的前庭覺輸入。

本體覺 ▶▶ 解讀身體的動作、位置

本體覺來自於肌肉與關節的接受器，讓大腦進一步解讀身體的動作、位置，並幫助計畫動作的執行，是很容易被忽略的感覺，因為孩子平時不會特別去感覺自己的身體位置，一般在搬、推、拉重物或伸展等動作時，比較容易感覺到。

透過一次次學習動作的精準度，孩子慢慢的就越來越能控制自己身體的力道與幅度。舉例來說，當孩子在丟球時，會針對不同距離的目標，決定手的高低與力氣的大小。

本體覺除了有助於動作表現，也可以降低躁動不安的行為，如提供大量本體覺輸入的瑜珈總是可以讓人較靜下心來。

面對這麼多感覺同時輸入，孩子的腦部必須要能夠調節上述所有的訊息，最後只會留下重要的內容讓孩子的意識注意與反應。當孩子的感覺調節能力適當時，即可專注在與家長玩水的過程。

▶ 在伸展等動作時，本體覺讓大腦進一步解讀身體的動作、位置。

職能治療師告訴你

感覺統合與孩子發展的關聯性

每個孩子都具備內在驅力來發展感覺統合，這個天生的內在驅力會尋找環境中的「最適挑戰（just right challenge）」，即一個剛好難度的挑戰，不會過於簡單使孩子毫不費力就可以達成；也不會過於複雜、挫折孩子，使孩子無法克服。

挑戰成功後會帶給孩子勝任與滿足感，讓孩子更有動機與自信去探索環境與自身能力。在適當豐富的環境下，大部分孩子的腦部神經系統會不停地組織感覺訊息，在環境中不斷找尋最適挑戰，不斷發展更成熟、更複雜的動作、認知能力與感覺統合。

感覺統合對孩子的重要性

　　兒童發展領域中，感覺統合是非常重要的發展項目，影響孩子日常生活發展之廣。豐富的環境刺激，讓孩子有不同的感覺動作經驗，幫助孩子整體的發展，而孩子也較容易達到環境要求的行為表現（適應性行為）。

　　在感覺統合發展的過程中，不只強調需要給予孩子何種感覺經驗，更看重的是在執行感覺統合活動的過程中，孩子是否能感受到趣味、享受過程、建立自信心與成就感；進而達到自我實現，感受到自己的能力被充分表現出來後的滿足。

　　感覺統合的重要性，可由下列幾個方向來呈現：

⦿ 準確的動作發展與協調

　　在嬰幼兒時期，感覺動作經驗可增進寶寶的本體覺、前庭覺、觸覺系統發展；隨著年紀漸增、需要挑戰更多動作時，可讓孩子更精準的運用肢體活動來達成粗大動作遊戲。例如騎腳踏車時，能交替使用兩腳踩踏板；執行球類活動時，能在適當的時間點反應、成功接到球等。此外，大量的手部觸覺刺激，也能使孩子更有效率的執行精細操作活動，如串珠、堆疊積木，甚至是學齡階段的書寫。

123

⬤ 良好的認知與學習表現

發展心理學家皮亞傑（Jean Paul Piaget）將兒童的認知發展分為四個階段：感覺動作期、前運思期、具體運思期、形式運思期。寶寶出生至兩歲左右時，認知發展處於感覺動作期，在這個階段藉由各式各樣的感覺與身體動作整合，形成對自己身體與外在世界的理解和運用知識。

舉例來說，5～6個月的寶寶拍打聲光玩具後，感受手碰觸到玩具的觸覺，並看、聽到聲光玩具所提供視覺與聽覺，而開始對玩具更有興趣，進而繼續拍打聲光玩具，這時的感覺與動作經驗，都增強了寶寶對「因果關係」的認知。

此外，感覺統合也強調感覺輸入對於大腦整體的影響，如在下課時間跑跑跳跳，下一堂課更能專心學習，這就是前庭覺輸入影響大腦的清醒程度與注意力的關係。

▶ 感覺與動作的經驗，都增強寶寶對「因果關係」的認知。

影音示範

什麼是
感覺統合？

⬤ 穩定的情緒行為

　　穩定的情緒對於孩子學習以及同儕互動相當重要，當大腦能適當的解讀外在感覺訊息時，孩子的情緒容易呈現平穩的狀態。反之，當大腦無法適切的處理感覺訊息，無論是過度放大或是忽略環境的感覺訊息，都容易影響著孩子的情緒。例如放大觸覺資訊的孩子（**觸覺敏感**），容易將他人不小心的碰觸解讀成攻擊，使孩子呈現易怒、躁動不安；而過度忽略環境訊息，則會讓孩子顯得興趣缺缺，情緒趨向過度平淡的反應。

⬤ 良好的人際互動

　　在孩子進入團體生活後，成熟的感覺統合發展，可以讓孩子與同儕保持適當的身體距離，避免因太接近他人而出現碰撞爭執，或是因為太害怕被碰觸而拒絕參與團體遊戲，甚至被誤解為故意不配合等。

　　感覺統合的成熟，包含能適當調節自己的行為表現，避免過度興奮或過度不回應，讓孩子能表現出團體活動規範所期待的行為，這些都有助於孩子維持良好的同儕關係。

⬤ 有效率的生活自理

　　幼兒時期當孩子在學習生活自理能力時，需要能適應外在環境的感覺資訊，才能有效率的使用肢體，這些都是感覺統合的幫助。

▶ 漸進式的接受各種觸覺刺激，可幫助孩子執行盥洗活動。

例如漸進式的接受各種觸覺刺激，可幫助孩子執行盥洗活動，如洗澡、洗臉、刷牙等；準確控制自己的肢體，在穿衣時雖然眼睛看不到後方，但手卻能精準的抓到袖子。

隨著年紀越大，日常生活自理的範圍擴大到更需要孩子具備完善的組織與規劃能力，例如整理書包或房間、時間安排、出遊規劃等，這些任務同時都包含著多重感覺訊息的處理效率。

◉ 幫助孩子達成自我實現

藉由不斷學習，將自己的潛能充分表現出來，會讓孩子感受到滿足，這就是自我實現。在感覺統合發展的過程中，不只強調需要給予孩子何種感覺經驗，更看重孩子在執行感覺統合活動的過程中，是否能感受到趣味、做出適應性的行為表現，並積極地參與感覺統合活動。

參與度高的孩子，能不斷嘗試挑戰並獲得技能，同時提升自信心與成就感，相信自己是有能力的個體，進而培養孩子勇於嘗試，幫助孩子達到自我實現。

▶ 參與度高的孩子，能不斷嘗試挑戰並獲得技能，同時提升自信心與成就感。

▶▶ 你聽過「水中感統」嗎？
和一般的玩水或教室內的感覺統合遊戲有什麼不
同？

水中感統指的是整合「水、感統、遊戲」的元素，結合水
的 4 個特性讓孩子玩得開心，也刺激發感覺統合發展，讓
孩子的大肢體動作、手部肌肉、手眼協調更好。

水中遊戲也會用到感覺系統，每個遊戲過程都在整合孩子
的知覺系統。從國外開始的水中感統，臺灣現在也可以玩
得到。

遊戲的過程，家長扮演非常重要的角色，透過水中感統遊
戲的優點，讓家長與孩子培養更多的互動。

Chapter **2**

孩子的
水中感統遊戲

水中感統遊戲＝水＋感統＋遊戲

水中感統分類 ▶▶ 水中遊戲、親水遊戲

　　在感覺統合與孩子的發展過程中，水中感統遊戲是一個很好的媒介，我們可以將其分為水中遊戲與親水遊戲。

▶▶ 水中遊戲	▶▶ 親水遊戲

在水中運用肢體、以不同姿勢靜止或移動的活動。例如在水面上仰躺、在水中走路前進，提供了在陸地上難以複製的感覺動作經驗。	用不同方式操作或使用水的遊戲。例如：用花灑倒水到頭上、玩水槍或洗澡玩具等。

水的特性 ▶▶ **浮力、阻力、水壓、水溫**

透過水的物理特性，加上浮板、浮條等多元工具與適齡的感覺統合遊戲設計，在水中可以提供孩子更多不同於陸地上的動作經驗與感覺統合經驗。透過更多元的感官輸入，讓孩子玩得開心的同時，也激發感覺統合的發展，建構大肢體動作、手部小肌肉、手眼協調的能力。

- **浮力**：在平地上時，地心引力使我們的身體拉向地面，以雙腳支撐著身體重量並保持平衡。在水中時我們仍會受到地心引力的作用，但水的浮力提供我們向上的支撐，在動作時減輕部分重量。因此當家長抱持著嬰兒在水中進行活動時，在浮力乘載之下，孩子可以比較容易做出一些在陸地上還沒發展完全的動作。另外，在家長正確動作引導之下，孩子也有更多改變身體位置、頭部位置的機會，或坐、或趴、或躺、或左右上下晃動，使前庭受器獲得更多感覺輸入。

▶ 浮力

- **阻力：**當我們在水中前進或揮舞肢體時，移動速度越快、動作幅度越大、身體橫斷面積越大時，水對動作所產生的阻力也越大。為了抵抗水的阻力，需要花費比在空氣中移動時更多的力氣，故產生更多的本體感覺輸入，同時也練習到更多的動作控制與核心肌群的穩定度等。

▶ 阻力

- **水壓：**浸泡在水中時，水會由四面八方對水中的身體產生壓力，提供身體更多的觸壓感覺。再加上水波與水流的流動，提供額外的觸壓按摩。在水平面上的身體部分，雖然不會因為浸泡在水中感受水流而有觸壓覺，但透過灑水、噴水、倒水在肢體上，也會產生不同的觸覺刺激。

▶ 水壓

- **水溫：**不同的水溫會帶給肌肉與精神不同的效果。當水的溫度較高時，溫暖的感覺可以降低肌肉的緊繃程度，也會令精神感到放鬆；當感到水的溫度較低時，則會讓肌肉收縮、精神也會為之振奮。

▶ 水溫

⬤ 水中感統遊戲運用的感覺系統

　　當孩子在水中和父母玩用花灑互相倒水在頭上時，會運用到哪些感覺呢？

● **前庭覺：**
水中載浮載沉、往前撲、轉頭躲避。

● **本體覺：**
握著花灑的手部動作、用花灑裝水時的上臂動作、感覺到花灑的重量。

● **觸覺：**
濺起的水花、臉上被沾濕的感覺、水突然大量灑在身上的感覺、泳鏡／泳帽／泳衣等包覆緊貼著身體、父母的抱持或牽手、身體浸泡在水中的感覺與溫度。

- **聽覺：**

  人的聲音、水花聲、泳池回音、泳池中設施的聲音、哨子聲。

- **視覺：**

  閃閃發亮的水平面、不斷晃動的波紋、家長用花灑倒出的水花瀑布、泳池邊走動的人群。

- **嗅覺：**

  泳池、泳衣的味道。

水中感統玩什麼，重要性為何？

　　水中感統遊戲所需要的物品很簡單，重點孩子們在「玩什麼」呢？透過各種類型的遊戲行為，例如感官遊戲、肢體遊戲、互動遊戲、平衡遊戲、肌力遊戲、假扮遊戲等，豐富孩子們的肢體發展、感官刺激、感覺統合、社會互動、認知發展等能力。

　　遊戲所使用的工具，從日常生活中容易取得的物品（杯子、花灑等）、常見的戲水玩具（塑膠小鴨、潛水玩具等）、浮具（學游泳所需的道具）到不需要使用道具的親子互動遊戲（肢體互動）都有。

水中課程 ▶▶ **四種類型**

　　全美第 3 名的兒童醫院 Cincinnati Children's 兒童醫學中心的職能治療／物理治療部門每年都有一個特殊的健康計劃（Wellness Programs），其中就包含了水中課程（be. well aquatics）。

影音示範

▶ 什麼是
水中感統遊戲？

▶ 遊戲所使用的工具，從日常生活中容易取得的物品。

課程分為 4 個類型：感覺處理、兒童團體、腦性麻痺團體、青少年團體。而感覺處理課程就如同本書的水中感統遊戲，目的是透過遊戲讓孩子獲得更多的感覺動作經驗。著重在感覺處理、調適感覺輸入、動作計畫、關節活動度、肢體協調、察覺自我姿勢、維持專注、水中安全技巧與同儕互動等。

而職能治療師的角色是使用水的元素，提供給有需求的孩子更多元的感覺探索與動作練習。以作者在 2018 年參與 Drake Center 執行的感覺處理課程為例：

1 暖身	音樂律動
2 身體感知遊戲	用頭頂著水杯
3 平衡與協調遊戲	水中走路、跳躍
4 口腔動作練習	水中吹泡泡
5 肺活量練習	水面吹氣 3 秒
6 下肢肌力	趴在浮板踢水前進、踢牆前游
7 使用浮具	坐在浮條，身體姿勢控制
8 身體平衡與互動遊戲	踩浮條 & 傳接球
9 仰漂練習	
10 自由玩水或游泳時間	
11 伸展活動	伸展肩膀

◑ 家長在遊戲中扮演的角色

水對孩子而言是一個遊戲的環境，應該是快樂、主動探索、有互動、沒有壓力的享受整個過程。家長陪伴孩子的過程往往不小心會變成教學、訓練等有目的活動，無形之間產生了壓力、和他人比較、不適切的進度、過度要求等負面經驗，使孩子對於水的環境有不好連結，進而排斥、拒絕參加水中或水上活動。

美國疾病管制與預防中心（CDC）與國際兒童發展組織（ZERO to THREE）強調正向教養的重要性，因此我們建議家長以支持、鼓勵孩子在水中探索、感受、沒有壓力的學習各種遊戲。以正向與充滿愛的態度和孩子同樂，在陪伴孩子的同時也要負起責任保護他們的安全。成為孩子的大玩伴，成為孩子安全感的支柱，孩子就會放心的主動去探索自己的肢體，享受和家長的互動，同時發展出自我照顧的技能。

 職能治療師告訴你

水中感統遊戲的優點

- 刺激感覺統合。
- 豐富親水經驗。
- 建立正向情緒發展。
- 培養親子運動。
- 認識寶寶多元表現。
- 培養寶寶探索與專注。
- 增進食慾和睡眠品質。
- 增進親子依附關係。

職能治療師告訴你

寶寶游泳與水中感統遊戲

　　寶寶游泳在國內外都非常熱門，以職能治療師的觀點，寶寶游泳屬於啟蒙階段。透過親水遊戲與各種動作的引導，讓寶寶適應在水中如何使用自己的肢體以及與爸媽互動。

　　加拿大兒科醫學會 2003 建議，4 歲以下兒童並不是要熟練水中自救技巧，而是透過水中活動或課程建立孩子的自信心，以及教育家長要注意水中安全。

　　水中感統遊戲也是相似的概念，不只是啟蒙，更透過遊戲讓孩子感受並整合感官資訊，練習各個發展過程中的動作技巧與姿勢，最重要的是在水中遊戲的過程，親子能夠共享快樂時光、共同成長。

　　我們可以先瞭解自己孩子的發展狀況，是否坐得穩？習慣臉上有水？在水中站得穩？今天玩水的目的是什麼？啟蒙孩子的水性？透過遊戲來豐富孩子的感覺統合發展？加強孩子的體能？還是就只是單純的來玩水？

　　不論您的孩子在發展是否有特殊問題，在水中請不要給予孩子過多的壓力，透過水中感統遊戲一起親子同樂，深化彼此的親密關係。在開始寶寶游泳或是水中感統之前，先開心的玩水吧！在家玩水就是一個很好的開始。

　　如果不知道怎麼開始？請參考本書職能治療師給您的這些遊戲吧！

💧 開始水中感統遊戲囉！

遊戲工具 ▶▶

　　浮具是水中常見的輔助器材，本書在遊戲中推薦使用的有浮條、浮板、巧拼墊等，也可以在日常生活中挑選幾樣物品來玩遊戲，例如：布丁杯、花灑、塑膠盒、呼拉圈、紗布巾、海綿、水瓢、塑膠球等。

▶▶ 浮條	▶▶ 浮板、巧拼墊

依照數量多寡提供孩子浮力，需有技巧地抱住與維持姿勢。	長方形且面積大，孩子藉此獲得較大的浮力。

▶▶ 布丁杯	▶▶ 花灑

水量較小。使用來盛水、倒水。	水量較小。使用來盛水、倒水。

水瓢

水量較大。
使用來盛水、倒水。

塑膠盒

用來裝水、裝玩具，或扮家家。

紗布巾、海綿、毛巾

用來吸水、擠水，或觸碰身體。

呼拉圈

讓孩子在水中穿越，或扶著維
持姿勢。

潛水玩具

市售各式形狀可沉在水裡的玩
具。

塑膠小球

五顏六色可漂浮在水面的塑膠
製小球。

職能治療師告訴你

使用脖圈會讓寶寶受傷嗎？

　　建議**爸媽用雙手協助為主，使用浮具為輔**！寶寶在 4 個月之前，脖子比較沒有力氣抬高，脖圈可能會造成頸椎受力不平均而產生危險，也易翻覆、溺水。

　　此外，特別是未滿 1 歲的寶寶，為了讓寶寶能自主探索肢體，建議爸媽使用雙手取代脖圈，一起享受水中感統遊戲的樂趣，就算使用手臂圈或游泳圈等浮具，爸媽還是必須要在孩子的身旁陪伴，守護孩子的水中安全喔！

▶ 脖圈可能會造成頸椎受力不平均
而產生危險。

合適的場地 ▶▶

　　泳池或嬰幼兒游泳館，或是秘境沙灘、水域、泳池等地點。可以參考以下原則，選擇合適自己與孩子的水中感統場地。

▶▶ 室外	▶▶ 室內

★ 有遮蔽物的泳池，減少紫外線直接對寶寶的曝曬。
★ 太陽威力較弱的時段，或穿著防紫外線的泳衣。
★ 海邊選擇淺灘、爸媽可以踩穩的區域。
★ 可安全戲水、無湍流的淡水水域。
★ 避免退潮時段。

選擇相當多元，除了家中浴缸之外，也可以前往適合「親子共游」的場地，如泳池、兒童池、spa 池、親子游泳館等。

★ 水深至少高於 80cm，爸媽協助寶寶也較為省力。
★ 水溫建議 31 ～ 32 度 C，隨著室溫、濕度有不同選擇。
★ 有樓梯或斜坡等安全出入池的設備。
★ 親子或無障礙淋浴間，或有幫寶寶更換衣服／尿布平台。
★ 水質通過衛生局檢驗，使用氯、臭氧、次氯酸等消毒皆可。

關於寶寶 ▶▶

　　帶寶寶外出需要考慮生理需求是否被滿足，只有吃飽、睡飽才有精神探索外在環境，水中遊戲這種高耗能活動，更需要花心思預備。

1 吃飽不過飽：肚子餓是無法好好享受水中環境。因為肚子餓而哭鬧，更是無法等待！若容易吐奶的寶寶，記得不要在下水前 30 ～ 40 分鐘喝奶，避免寶寶在水中吐奶或是脹氣而不舒服。

2 睡飽精神好：若在水中遊戲的過程想睡覺，會容易情緒不好或無法體驗遊戲的樂趣。作息尚不穩定的寶寶，爸媽每次需要視情況調整寶寶的遊戲與睡眠時間；作息穩定的寶寶，遊戲時間就配合常規作息即可。

3 提早到現場：若時間緊迫，時間壓力也會反應在寶寶身上，對於環境較敏感、觀察型的寶寶們，更需要提早到現場適應環境、觀察泳池。

4 攜帶物品：

　★ 游泳尿布（拋棄式、重複使用款）。
　★ 泳帽（不勉強寶寶穿戴）、防寒衣／泳衣。
　　（視水溫與室溫準備）
　★ 浴巾 x 2（上岸、洗完澡各一件）。
　★ 寶寶沐浴乳。
　★ **澡盆或攜帶式餐椅**：爸媽更衣或洗澡時，讓寶寶可坐著等待。
　★ **玩具**：帶寶寶平常喜歡或熟悉的玩具或固齒器。
　★ **食物**：上岸後容易肚子餓，記得準備母乳、配方奶或寶寶零食。

53

關於爸媽 ▶▶

✅ 讓自己熟悉如何在水中移動。

✅ 眼神全程都在孩子身上。

✅ 觀察孩子的反應,做出適度的回應。

✅ 跟著孩子的步調,逐漸提供挑戰。

✅ 念著口訣,增加遊戲趣味並和孩子一起享受遊戲。

職能治療師告訴你

讓孩子適應控制身體

　　有別於在陸地上做動作,在水中因為有浮力、水面下的擾流、水阻,或是因為使用浮具、沾濕衣物的附著感等,都會影響爸媽或孩子在水中維持姿勢、移動身體,或是使用肢體的感覺。不熟悉在水中移動的孩子,有可能面臨到「水中意外」卻不知如何反應的狀況,例如:在水中滑倒後,因為失去重心而不知道如何站起來;在池邊滑落水中,不知道如何抱著爸媽或攀附在池邊;不知道如何使用浮具前進等。當有足夠的經驗,孩子在遇到小意外時,都能夠熟悉在水中如何運用自己的肢體。若是有特殊需求的孩子,也能夠在水中感統遊戲練習到全身動作的控制,強化在陸地上表現較弱的肌肉與能力。

浴室
水中感統遊戲

▶▶ **從最簡單的親子互動，到隨手可得的日常用品，一起開始有趣的 29 個浴室遊戲吧！**

只要有水就可以開始的感統遊戲，配合浴室或浴缸的空間規劃，讓孩子從 3 個月就可以開始玩水。

本章節有補充很多職能治療專業小知識，一起來學習吧！

水中感統
遊戲示範

水中馬殺雞

適玩年齡：2 ～ 3 個月以上

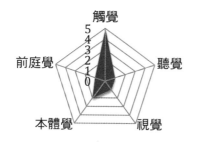

- ✅ 啟蒙身體基模
- ✅ 培養共同注意力
- ✅ 穩定情緒

||||||||||||||||||||||||||||||||||||||||||||||||||||||||||||||||||||||||||||||||||||||||||||||||

口訣 >> 按摩囉！

捏泥巴～捏泥巴～捏捏捏，

捏捏手手～捏捏腳腳。

準備物品 >>

- 爸爸媽媽溫柔的雙手
- 紗布巾

玩法步驟 >>

1. 讓寶寶傾斜躺在爸媽的胸口，一手托著寶寶屁股，另一手撫觸按摩。
2. 爸媽將手掌弓起擺出鱷魚的大嘴巴，開闔輕咬寶寶的手和腳進行按摩。
3. 依序按摩寶寶的肩膀、手臂、手肘、手掌；大腿、膝蓋、小腿及上背、下背、屁股。
4. 也可以將手掌攤平，重複按壓上述部位，替寶寶進行全身深壓撫觸。

變化玩法 >>

- 寶寶在 7、8 個月開始有動作模仿能力，試著引導寶寶抓住爸媽，幫爸媽按摩。
- 依觸覺接受度，1 歲以上孩子可以使用各種道具，如紗布巾、沐浴球、海綿等。

ⓘ 水中感統小叮嚀 •))

- 按摩的方向從身體的近端到遠端，如肩膀到手腕、大腿到腳踝，以順毛流的方向按摩，並增加一點深壓覺幫助孩子放鬆。
- 觀察孩子的表情及肌肉放鬆的程度來決定拿捏的力道。輕觸覺常引起怕癢的反應，而稍有力道的按摩，則有助穩定情緒及放鬆。

♥ **豐富親密接觸,培養孩子共同注意力,有助人際互動**

眼神接觸、動作模仿、分享物品及隨著大人的目光看往同一個方向都是共同注意力的表現。習慣親密接觸的孩子更容易與人建立依附感,並發展共同注意力,優化人際互動品質與溝通能力。

♥ **適度按壓,平穩寶寶的情緒**

適當的撫觸有助孩子情緒的緩和,趁洗澡或擦乾身體後,抹點乳液,幫孩子以適度力道撫觸,有助孩子安定情緒、放鬆,晚上睡得更好。

 職能治療師告訴你

不只抱抱,撫觸按摩也大有好處!

觸覺是寶寶感受世界的第一個感覺媒介,從在媽媽肚子裡第 8 週觸覺就開始發展,也是我們與孩子溝通的第一語言。

透過觸摸可以讓孩子感受到父母溫柔的愛與呵護,同時讓父母從孩子的表情及身體語言中得到回應。研究顯示,相較於不常被撫摸的寶寶,常被撫觸及擁抱的寶寶在社交互動時的眼神接觸及快樂表情的頻率多出許多。

2 歲以下的孩子處在感覺動作期,透過各種感覺來認識這個世界及獲得經驗,按摩讓孩子接收豐富的觸覺,過程中關節的擠壓也提供豐富的本體刺激,滿足孩子對於感覺刺激的需要。

雨水跳舞

適玩年齡：3 個月以上

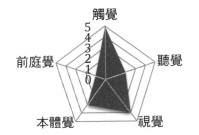

- 增進視聽覺注意力
- 提升環境敏感度、
  抓取能力

口訣 >> 嘩啦啦下雨了！

　　　　伸出你的小手，與水跳舞吧！

準備物品 >>

- 花灑
  （杯底有洞的塑膠杯、
  大象／造型花灑）

1 爸媽在浴缸或小泳池抱著寶寶，同時念口訣「嘩啦啦下雨了！伸出你的小手，與水跳舞吧！」

2 爸媽用手掌輕拍水面製造水聲，舉起沾濕的手指，引導寶寶觀察滑落的水滴。

3 將花灑裝滿水、移動花灑與水面的距離，以水流在水面濺起忽近忽遠、忽左忽右的水花，引導寶寶觀看水花、聽水流的聲音、觸摸水滴。

變化玩法 >>

● 移動花灑與水面的距離，可訓練孩子的追視能力及手眼協調；將花灑舉得越高，噴濺起來的水花越大，對孩子的觸覺刺激也越多。

● 滿 6 個月以上的寶寶，可引導他主動觸摸或抓取水滴或水流。之後可用手指沾附水滴輕輕的滴在寶寶的皮膚或鼻子上；待他適應後，再用手掌舀起一些水，讓水流出手心，帶領他聽聽水流滴落水面的聲音；最後再使用花灑杯，將水少量淋在寶寶的肌膚上。

ⓘ 水中感統小叮嚀 •))

● 杯子底部的洞越多，濺起的水花愈多，視覺、聽覺刺激愈豐富。但要注意，若濺起的水花太大，寶寶可能會在短時間內得到太多感官刺激，當超過可負荷的感覺閾值（可接收刺激量的程度）時就可能會產生情緒反應，建議循序漸進。

● 在寶寶身上淋水前，爸媽可以親自示範淋在自己身上；別忘了數 1、2、3 讓寶寶做好準備喔！

♥ **增進視聽覺注意力，提升對環境敏感度**

爸媽可透過不同方向、不同水量的水花變化來訓練孩子的感官，並提升對環境變化的敏感度。

♥ **增進抓取能力，奠定手眼協調基礎**

當眼睛專注在水花後，大腦就會計劃好距離及方向，同時控制手臂朝著目標抓取；透過練習會讓手伸取的速度更快、更準確，有利手眼協調發展。

 職能治療師告訴你

怕洗臉、洗頭，是不是觸覺過度敏感？

觸覺敏感可以透過日常生活的細節來發現，例如洗臉、洗澡時不喜歡被水潑濺到；不喜歡剪指甲、剪頭髮；過度在意衣服的標籤，或是多次經驗後仍討厭赤腳走在沙灘、草地上；為了不被別人碰到，穿不合時宜的長袖，若被碰到就會一直撫摸、嘗試著安撫自己，或有情緒反應。若有以上表現，建議可以尋求醫療協助做更完整的評估。

如果不符合以上的狀況，孩子可能是單純有點抗拒洗澡這個情境，建議可以改用水杯或水瓢盛水，讓水的觸感更加溫和，並在淋水前數1、2、3 給孩心理準備，以減緩肌膚親近水時的恐懼。

屋簷下雨我不怕

★ 遊戲 2「雨水跳舞」延伸遊戲 ★

適玩年齡：5 個月以上

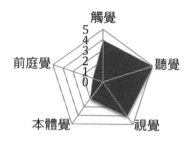

✅ 適應多種感官刺激

✅ 提升視覺專注力、
環境觀察力

||||||||||||||||||||||||||||||||||||||||||||||||||||||||||||||||||||||||||

口訣 ≫ 唏哩唏哩嘩啦嘩啦～雨下來囉～下雨了！
大大小小的雨滴停留在屋簷、牆壁上。

準備物品 ≫

● 臉盆（浮板）

● 花灑（杯底有洞的塑膠杯、
大象／造型花灑）

● 淋水玩具

玩法步驟 ≫

1 將臉盆反過來放置在水中。

2 爸媽抱著寶寶坐在浴缸裡或地板，使用花灑將水流淋在臉盆上，
發出滴滴答答的聲音；或是用水沾濕臉盆。

3　引導寶寶觀察、觸摸臉盆上的水珠；豎起或傾斜臉盆，讓水珠滑落或滴下來，假裝下雨，讓寶寶聽下雨的聲音、摸摸水滴。

4　媽媽舉高臉盆放在寶寶上方，爸爸則拿花灑將水流淋在臉盆上，讓寶寶聽水滴落在臉盆的聲音；並讓水珠沿著臉盆滴落在寶寶的肌膚上。

變化玩法 ﹥﹥

- 剛開始只需輕輕地沾水，灑落幾滴水珠在臉盆上；寶寶適應後，可增加水量使水滴增多，也可以讓寶寶躲在屋簷下，當屋簷傾倒後，讓寶寶感受到不同水量滴落的聲音大小和觸感。

ⓘ 水中感統小叮嚀 ﹚))

- 遊戲 2「雨水跳舞」的延伸玩法，使用臉盆可使水滴的速度較緩慢，寶寶較容易觀察。若是直接使用花灑玩下雨遊戲，水流較快速，刺激也較大。

- 如果寶寶會害怕可先用手沾水，將手上的水珠滴在寶寶的肌膚上，之後再進行步驟 3 及 4。

♥ 遊戲優點

♥ 適應聽覺、觸覺的多感官回饋

花灑滴落的水聲及臉盆的回聲在浴室會特別明顯，還有水滴接觸皮膚的觸感，兼具聽覺與觸覺的感官刺激。寶寶需要學習並適應，才能繼續遊戲。

♥ 啟蒙寶寶觀察環境與視覺專注力

使用花灑時，水滴會停留在臉盆、浴缸及地板磁磚。引導寶寶觀察和觸摸水滴前，寶寶需要先探索環境，較能專注的看著水滴從臉盆滴落。

什麼是感覺閾值？

　　感覺閾值可解釋為一個門檻的概念，感覺輸入的量需要大於門檻，才能將感覺資訊傳到大腦。

　　低閾值表示門檻低，大量的感覺輸入都會傳到大腦內，無法調適的孩子就會出現容易分心、焦躁等行為表現。反之，高閾值則是門檻過高，容易忽略感覺刺激，或需要不斷地尋求刺激，而呈現動作慢、躁動、不專心、好像沒聽到爸媽講話等行為表現。

　　美國職能治療師 Dunn（1997）依照閾值高低與孩子的行為反應，將感覺處理問題分為四個類型：

神經閾值／調節策略與反應	被動調節策略	主動調節策略
高 感覺閾值	感覺遲鈍	尋求感覺刺激
低 感覺閾值	感覺敏感	逃避感覺刺激

　　以日常親水與水中遊戲中的觸覺為例，不同類型的孩子會有什麼行為表現呢？

感覺遲鈍	尋求感覺刺激
沒有注意到衣服濕了。	一直玩水製造水花。

感覺敏感	逃避感覺刺激
不喜歡被水潑到。	洗頭時會扭動或拍掉大人的手，拼命想撥掉水滴。

　　感覺閾值有個別化差異，透過練習可以得到適度的調適，也必須尊重每個孩子的不同，循序漸進的提供感官刺激。

嚕啦啦

適玩年齡：5 個月以上

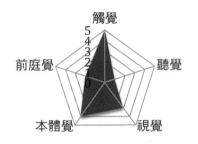

✅ **降低觸覺敏感**
✅ **啟蒙身體基模**

口訣 >> 嚕啦啦～嚕啦啦～嚕啦嚕啦咧～溫暖的水流過身體
好享受，寶寶最喜歡洗澡了，
現在要洗哪裡呢？

看看水要淋臉囉！

準備物品 >>

● 花灑（杯底有洞的塑膠杯、
大象／造型花灑）

● 澡盆

玩法步驟 >>

1 爸媽抱著寶寶坐在浴缸裡或寶寶坐在澡盆內，引導寶寶用手主動
摸摸水適應水溫。

2 爸媽在寶寶面前重覆用花灑裝水、將水淋出的動作，並請寶寶看著水從花灑流出來。

3 用花灑將水依序淋在寶寶的手、腳、背、耳朵上。

4 爸媽用手掌沾少許水後摸摸寶寶的臉，接著說，「來洗臉囉！」以花灑裝少少的水，慢慢淋在寶寶的臉上。

5 摸摸寶寶剛剛淋過水的地方，同時誇獎寶寶：「臉洗好了，好乾淨。」

ⓘ 水中感統小叮嚀))）

- 如果會害怕，可以慢慢來做好心理準備，如從遠端的四肢、軀幹，再到近端的耳朵、頭髮等，最後再到臉。

- 2～3歲開始學習控制自己的呼吸時，可以試著讓孩子張開嘴巴哈氣。當用較多水量洗頭洗臉，可以鼓勵孩子練習用嘴巴呼吸且不用閉氣，就不會因為使用鼻子呼吸而嗆到。

♥ 遊戲優點

♥ 降低觸覺敏感

皮膚是接受環境訊息的第一個感知系統，藉由遊戲訓練可降低孩子的觸覺敏感。透過淋水、搓洗等多元刺激可以讓孩子理解水量、水溫不同，造成的感官刺激也不同。

♥ 啟蒙身體基模，為獨立洗澡作預備

學習洗澡前，孩子需要先知道身體有哪些部位。還記得孩子第一次吃到自己的小手和小腳的驚奇表情嗎？洗澡時就是認識背部、屁股及四肢後側等看不到、不易觸碰部位的好時機。

- 藉由調整水量及水流速度來改變觸感。水量越多,觸覺刺激越豐富;水流越快,感受越刺激;水流越慢,越緩和。
- 可依寶寶的理解及動作模仿發展程度來讓他自己完成部分動作,例如自己裝水、將水倒在手上。

 職能治療師告訴你

孩子多大時可以獨立洗澡呢?

2 歲	3 ～ 4 歲
孩子雖然還不知道怎麼拿捏動作和力道會將工具及水打翻,但這是一個短暫又混亂的必經過程,爸媽不妨營造一個安全、開心的環境,和孩子盡情享受這難得的親子共浴時光。隨著成長,當孩子開始熟悉身體的部位、聽懂簡短的指令後,就可以做出大部分的洗澡動作,如搓泡泡、抹身體、淋水等。	孩子動作控制及自我控制越來越好,可以抓握小肥皂搓抹並用毛巾擦拭身體的每個部位,如腋下、背部、胯下、手指及腳趾,經過爸媽的提醒或是從經驗中也能有意識的提醒自己不要做一些危險的動作(單腳跨出浴池時要慢且小步),越來越獨立且能掌握每個小細節。

5 ～ 7 歲	8 歲以上
孩子已經覺得自己是小大人,什麼事情都想要自己完成,不想要爸媽在一旁給予協助或是監督,這時不妨給孩子一點空間,讓他試著單獨在浴室洗澡,如果不放心,將門開個小縫,隨時注意安全即可。	小朋友已經可以獨立洗澡,不用爸媽費心啦!

聽聽聲音在哪裡

適玩年齡：6 個月以上

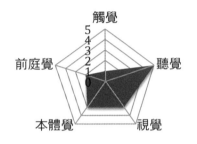

觸覺
5
4
3
2
1
0
前庭覺　　　　　聽覺

本體覺　　　　　視覺

- ✅ 培養聽覺注意力
- ✅ 豐富聽覺感官經驗
- ✅ 察覺環境狀況

口訣 >> 聽聽看，這是什麼聲音？

準備物品 >>

- 花灑
- 雞蛋砂鈴（保特瓶、搖鈴）
- 雜音較少的環境

玩法步驟 >>

1 爸媽在浴缸裡一手抱著寶寶（或讓寶寶坐在浴室地板）；另一手拍打水面製造聲音，或用花灑淋在水面製造水流聲。
2 選擇水量較大的花灑，在寶寶的耳邊淋水製造水流聲。

3 在寶寶面前緩慢的左右移動花灑，製造水流聲，同時說，「這是花灑。」

4 在寶寶面前緩慢的搖晃雞蛋砂鈴，製造聲響，同時說，「這是砂鈴。」

5 在寶寶背後製造聲音、吸引他的注意。請他尋找聲音的來源，並猜是什麼物品發出聲音？

變化玩法 >>

- 寶寶比較容易察覺連續發出的聲音，故 1 歲以上的寶寶，可以改為間斷發出聲響以增加難度。
- 若孩子不想閉眼玩，可請孩子轉身背向爸媽，等聽到聲音後，再將身體轉向，猜出發聲的物品。
- 固定位置的發聲（如耳邊），寶寶比較容易察覺。建議可先從單一的左至右水平方向發聲，再進階至隨機在四周製造聲音。

1 歲以上	2.5 歲以上
可選擇由不同的方向製造聲音。	則可再增加難度，練習閉著雙眼搜尋發聲的位置。

⊕ 水中感統小叮嚀 🔊

- 年紀較小的寶寶，環境聲音的干擾不要太多，以免刺激過度引發情緒反應；待年紀稍大，則可增加環境干擾，讓孩子練習區辨環境中的各種聲音。原則上以單一音源開始，再到多音源，如一邊洗澡，爸媽一邊唱歌開始，接著再攪動浴盆裡的水，甚至拍打水面等。
- 每個寶寶對於蓮蓬頭及水龍頭聲音的接受度也不同，若要嘗試建議先從最小水量開始。

❤ **培養聽覺注意力，提升察覺環境狀況**

在感官刺激較少的環境中，加入一個突如其來的聽覺刺激，如水聲、砂鈴聲，能提升寶寶對於該刺激的警醒程度，想要察覺和尋找聲音來源，並進一步觀察環境發生什麼事。

❤ **豐富聽覺感官經驗，認識各種不同的聲音**

遊戲的過程中可能有環境回音、水聲、砂鈴聲、爸媽說話聲等，結合視覺去觀察發出聲音的人或物體，讓聲音與物品作連結，有助寶寶從不同面向認識物品。

 職能治療師告訴你

建立大腦聲音資料庫，對孩子生活的重要性？

孩子在 16 ～ 19 個月時，會開始能夠將一些動物與其叫聲配對，如小狗汪汪、小貓喵喵等。對孩子的大腦來說，建構一個物體的形象，不只是形狀、顏色、觸感、味道還有聲音，不論是該物品自己發出的聲音，或是物體被敲擊所發出的聲音，都有助於整合大腦的資訊，並進入長期記憶區來建構世界的事物與概念。

當對於聲音有一定的經驗，並結合爸媽傳授的資訊，孩子開始會學習什麼是危險的聲音，如聽到汽機車喇叭聲，需要做出一些反應來保護自己；什麼是可以被忽略的聲音，如上課時同學說話的聲音，以協助自己可以專注在某一個日常活動而不受干擾。

因此從小替孩子建立不同聲音的資料庫，就和累積觸覺、運動經驗一樣重要。爸媽讀圖卡或繪本時，不妨結合聲音、語調的變化來強化孩子大腦聲音的資料庫喔！

泡泡氣球傘

適玩年齡：6 個月以上

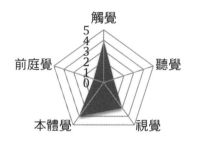

- ✅ 整合觸覺視覺訊息
- ✅ 促進視覺與動作整合、
  雙手操作、動作協調

||||||||||||||||||||||||||||||||||||||||||||||||||||||||||||||||||||||||||||||||||||||

口訣 >> 漂啊漂～

漂到這裡、漂到那裡，

漂到寶寶的手裡。

準備物品 >>

- 紗布巾（毛巾、造型沐浴手套）
- 塑膠球等

我的氣球～

1 爸媽在紗布巾上畫表情符號、動物圖案。
2 寶寶和爸媽一起坐著或站在水裡。
3 爸媽在水面用紗布巾包住空氣，使紗布巾成氣球狀，引導寶寶觸摸紗布巾表面。
4 讓寶寶嘗試用雙手抓住氣球，嘗試把空氣擠出，壓出許多泡沫。

變化玩法 >>

- 將包住空氣的紗布壓得越深，越難維持形狀。
- 使用不同材質的紗布巾，感受不同的浮力和空氣干擾，是很好的操作經驗。或者也可選擇有造型的沐浴手套，如青蛙、小豬、鴨子等，在裡面放 1 顆塑膠球，讓手套漂浮在水面，就可以玩說故事遊戲。
- 3 歲以上可引導孩子用雙手自己製作一個氣球，製作時，面積越大，對雙手操作能力的挑戰越大。

(i) 水中感統小叮嚀))

- 擠壓紗布氣球產生的泡沫，是球形、閃亮、會消失的物體，對寶寶來說有別於之前的視覺印象；在不同的身體部位擠壓出泡沫，也可以讓寶寶體驗這種特殊的觸感。

❤ 整合觸、視覺訊息，讓操作物品更順利

寶寶在觸摸紗布氣球時，會同時感受到水流和紗布的觸感，結合視覺與觸覺來確認自己有摸到物品；等到自己操作紗布巾時，結合手感、看到紗布氣球在水中有個雛形，需要決定是否繼續操作或停止成形，有助於促進問題解決能力。

❤ 適應浮力及手指操作技巧，幫助手指小肌肉發展

紗布受到浮力的影響，容易散開而不容易包覆空氣。孩子在練習包氣球過程，需運用手指操作技巧，有助生活中握住水杯、穿脫襪子等。手指操作較弱的孩子，可以嘗試各種材質的布巾來包覆空氣。

❤ 雙手操作，促進動作協調

孩子需選擇雙手一起包覆，或是一手抓好紗布、一手操作紗布來包氣球，有助於孩子生活中的雙手協調，例如穿脫鞋子。

 職能治療師告訴你

以水介入的感統治療模式

「以水為基礎的介入 Water-based Intervention」，指的是臨床工作者——職能治療師將水的特性融入在介入方案裡，結合水中遊戲或游泳動作當作臨床治療活動；並參考「Halliwick 概念」將流體力學的原則用來協助學習姿勢與動作的控制。感覺輸入（Sensory Input）被視為在水中遊戲一個非常重要的存在，包括觸覺、前庭覺和本體覺。以水為臨床介入的優點有：呼吸控制、體適能、玩性、自尊與社會情緒發展外，在水裡的感官警覺也會被增強，讓個體可以更容易察覺自己的身體與周遭環境。

資料來源：
感覺統合理論與實務 Sensory Integration：Theory and Practice（2nd.）

海浪濤濤

適玩年齡：7 個月以上

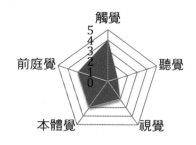

- ✅ 整合前庭與本體覺訊息
- ✅ 提升觸覺感官刺激
- ✅ 練習核心肌肉使用

口訣 >> 海浪來了，我不怕。

海浪一波一波地靠近，要站穩囉！

一不小心就會被海浪沖走喔！

海浪來了囉！

玩法步驟 >>

1 爸媽在浴缸中，協助寶寶坐著，讓水深位於寶寶的胸口下。
2 爸媽輕輕搖晃手臂或手掌，在手中製造輕微的水流或波浪，讓寶寶感受水的波動。
3 協助寶寶維持姿勢、感受水流的波動，且不被波浪推倒。

變化玩法 >>

● 可調整水深來增加難度，若在浴缸玩，水深可以從胸口下開始，慢慢加深到胸口，最後到肩膀。

● 讓寶寶練習以不同的姿勢對抗波浪。

7～10 個月	11 個月以上	再大一些
可以練習坐著不被波浪推倒。	則可以練習扶著物品站穩而不被波浪推倒。	可以嘗試不扶東西站立。

水中感統小叮嚀 ·))

● 製造的波浪與水花越大，觸感刺激愈大、干擾越多，寶寶越難維持平衡。

● 需要爸媽在旁陪伴，避免寶寶失去平衡撞到或跌倒落水發生溺水意外。

♥ **水波與水花提供豐富的觸覺感官刺激**

水面上與水面下會產生不同的觸覺刺激。製造波浪的過程，水面會有一些飛濺的水珠滴在皮膚表面而產生短暫停留的觸感；水面下的水流推動，則提供了持續存在的觸感。

♥ **整合前庭與本體覺訊息，探索如何維持平衡**

寶寶會受到水的浮力和爸媽製造的水流、波浪的干擾，需要整合身體與肌肉的本體覺來探索如何調整姿勢以維持平衡，之後當身體有些許擺盪時，才能夠控制身體維持平衡。

♥ **練習核心肌肉使用，穩定身體姿勢**

因水波持續的干擾，寶寶為了維持重心穩定，必須使用身體的核心肌肉來練習穩定身體姿勢，才不會被水流推倒；也有助於發展保護反射與學習平衡反應，並使用雙手輔助與支撐自己。

職能治療師告訴你

感覺統合與平衡感的關係

平衡以前庭系統為基礎，並與視覺、本體覺連結，是一個和多感官系統有關的能力。

1 歲前的寶寶藉著保護反射，讓其在跌倒時可以反射性地肚子用力、伸手支撐，保護自己的頭部不受撞擊。在逐漸發展平衡控制的過程，寶寶需要有相當多的活動經驗，來建立一個內部的控制與回饋系統，透過整合視覺與本體覺，變成一個有目的的整合能力。

感覺統合與平衡系統持續到學齡階段都會發展與整合，所以從寶寶時期開始需要有平衡、體能相關的活動及遊戲來啟蒙與發展。英國醫療顧問組織的健康指引提到，每天讓 5 歲以下的孩子活動 3 小時的好處有：建立同儕關係與社會互動、促進良好睡眠、增進肌肉與骨骼的發展、促進大腦發展與學習、增進動作技巧與協調等。不論是在地板遊戲、水中遊戲、公園遊戲等，讓幼兒時間有足夠的活動時間、培養豐富的體能與平衡活動經驗，對於感覺統合發展都會有正向的結果。

穿衣服玩水

適玩年齡：7 個月以上

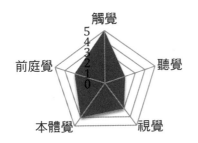

- ✓ 適應觸壓覺和關節擠壓
- ✓ 安定情緒、提升專注力

口訣 >> 來玩水囉！今天要穿著衣服洗澡喔！
穿著衣服會是甚麼感覺呢？
衣服會滴水，好像下大雨嗎？

準備物品 >>

- 紗布巾
- 衣物

玩法步驟 >>

1 爸媽抱著寶寶，坐在浴缸裡。
2 在寶寶身上鋪紗布巾或讓寶寶穿寬鬆的衣物。
3 引導寶寶在衣服沾濕的狀態，嘗試活動手腳。

- 紗布巾、衣物越厚，吸水性越強，越沈重；包覆身體的面積越大，孩子的身體活動度越受限，困難程度長袖 > 短袖 > 無袖。
- 可以透過唱歌、明確的指令協助孩子心情及肌肉放輕鬆，讓身體飄起來。

水中感統小叮嚀 ·))

- 平常都是光溜溜或穿泳衣在水裡玩，試看看如果穿衣服，在水裡會是什麼感覺？一般我們習慣穿著排水性佳的泳衣玩水，穿著濕漉衣物會使向下的重量增加，會讓我們對「熟悉」的水性有一個新的認識。

遊戲優點

♥ **觸壓覺和關節擠壓，有助安定情緒、提升專注力**
透過水的特性（水壓、包覆感）提供身體向下或各個方向的壓力，類似重力背心對脊椎及各個關節擠壓，藉由包覆感與身體出力來緩和孩子情緒和提升注意力。

 職能治療師告訴你

什麼是重力背心，哪些孩子需要？

　　重量背心為帶有額外重量的背心，臨床上常運用在注意力不集中、過動或是有衝動情緒問題的孩子。主要是透過重量給予額外本體感覺，幫助孩子在需要專注的靜態活動中（如拼圖和紙筆操作）穩定情緒、提升注意力及學習表現。

　　對於重量的選擇，原則不超過兒童體重的 10%。而穿戴重量背心有正向的成效，使用不當也可能造成兒童不舒服、排斥等。建議透過職能治療師的評估與協助，共同找到最適合的方式穿戴。

請你跟我這樣做

適玩年齡：8個月以上

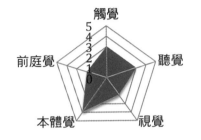

觸覺	聽覺
前庭覺 5 4 3 2 1 0	視覺
本體覺	

✅ 透過模仿學習動作

口訣 >> 如果開心請你跟我拍拍手，

我們一起唱啊～我們一起玩啊～

圍著圓圈請你跟我拍拍手。

踢!!!

1 爸媽坐在浴缸中,將寶寶抱在身上,示範一邊唱歌一邊用手拍水或用腳踢水。

2 用一隻手托著寶寶靠在爸媽肩膀,讓他浮在水面,用另一隻手輕抓著他的手或腳,並跟著節奏一起拍水或踢水。

3 重複帶寶寶練習幾次,觀察寶寶是否可以自主地做出拍水及踢水的動作。

變化玩法 >>

● 爸媽協助時動作宜先輕且緩慢,搭配緩和的聲音和水花引導,等寶寶進入狀況後,再加快速度或加重力道。

● 可變換不同姿勢嘗試,如坐著、趴著或躺著拍水及踢水。

ⓘ 水中感統小叮嚀 ·))

● 任何兒歌都適合,把整首歌的歌詞都換成「拍」(clap)或是「踢」(kick),跟著節奏做,讓孩子能預期,比較容易引導孩子自主的做出動作。

● 7個月以上的寶寶開始有模仿能力,帶著孩子做 1～2 次之後,試著放手,觀察他能否跟著做出動作,做得相似就給予大大的鼓勵。

❤ 透過動作模仿來學習

觀察寶寶的一舉一動，你會驚奇的在寶寶身上看到你的影子，寶寶就是一個迷你版的你。孩子模仿的對象通常從最常接觸、依賴且信任的照顧者開始。

❤ 習慣水花是想玩水的第一步

透過主動製造水花，孩子慢慢就會習慣、適應並享受水花帶給視覺和觸覺的感官刺激，進而不再感到驚嚇，漸漸的就會喜歡玩水囉！

 職能治療師告訴你

寶寶會模仿大人的動作？

大腦的「鏡像神經元」細胞，如同鏡子反映外在的世界，當看到別人的行為時，自己能模仿做出相同的動作，藉此瞭解他人行為意義進而發展溝通能力，是寶寶建立人際互動（社會化）的第一步。

6 個月左右的寶寶，視力尚未發育完全，但已經會觀察爸媽表情及動作的輪廓，有表達的意願但卻還無法表達清楚（通常要等到 1.5 ～ 2 歲才能透過語言溝通）。所以在一些特定的情境，像是想吃東西、想睡覺、打招呼，不妨讓孩子學習一些特定的手勢，透過肢體來表達自己的意圖及想法，例如想吃東西就用手輕碰嘴巴、想睡覺把手合十頭側躺在手背上、打招呼就熱情的把手舉起等，都可讓大人更了解寶寶，增加親子互動。

撈甜甜圈

適玩年齡：8 個月以上

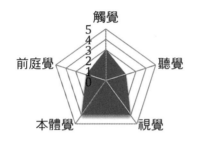

- ✅ 促進手部抓握能力
- ✅ 啟蒙手眼協調

||||||||||||||||||||||||||||||||||||||||||||||||||||||||||||||||||||||||||||||

口訣 >> 大圈圈、小圈圈，漂浮在水面上，
我們來尋寶，一個一個撈起來吧！

準備物品 >>

- 套圈圈（洗澡玩具或造型固齒器）
- 臉盆或浴盆

玩法步驟 >>

1 在浴盆或浴缸的水面上放幾個塑膠圈圈。讓寶寶坐在浴室地板或是爸媽帶著一起坐在浴缸裡。

2 爸媽示範用手從水面撈起圈圈或玩具；爸媽可以抱著寶寶在水中移動，四處撈圈圈。

3 引導寶寶用單手或雙手抓住水面上的圈圈，爸媽可以在旁邊說明，抓到圈圈的顏色！

變化玩法 >>

- 2 歲以上的孩子可以玩圈圈的指定顏色配對，例如：要抓和爸爸手中相同顏色的圈圈，或是把紅色圈圈放在紅色籃子裡。
- 可以選擇其他物件來配對，例如把各種顏色的球或小動物，圈放在同色的圈圈裡。

ⓘ 水中感統小叮嚀 📶

- 選擇的圈圈越大，需挑戰手掌抓握；圈圈越小，則需運用指尖抓握能力。
- 抓取緩慢漂浮或停留在水面不動的圈圈，需運用手臂動作控制能力；若是稍具重量會沉在水中的，則需要練習移動手臂伸到水裡抓。

♥ 遊戲優點

♥ 促進手部抓握能力

為了抓住各種物品，需練習多種的抓握方式，如指尖、手掌抓握等，有助類化未來操作各種形狀的物品，例如拿水杯握把、湯匙等。

♥ 啟蒙手眼協調能力

浮力讓物品漂浮移動，孩子需要不斷調整動作，才能精準在正確的位置撈到物品，有助發展手眼協調，並類化到未來接觸會有物品移動的運動類型，如球等。

♥ 啟蒙視覺空間感

因為在臉盆或浴缸水面漂浮的物品和寶寶有一定的距離，寶寶在撈取的過程能夠透過視覺觀察、觸摸物品，確認自己是否有摸到？還是要再移動手臂？藉此建立物品和自己的空間關係。

♥ 啟蒙顏色認知發展

若是選擇讓孩子抓取爸媽指定的顏色，或是抓取的過程中同時說明物品的顏色，都可以在遊戲過程中啟蒙學習顏色的認知，累積各種色系的認識，有助於孩子加深顏色的印象與意義。

嬰幼兒顏色的認知發展

顏色是物品的一種屬性，如衣物可以是紅色也可以是黑色、天空可以是灰色也可以是藍色；顏色也有許多色層變化，如淡藍色、深藍色及青色都是藍色。

透過選擇自己喜好色彩的衣服、接觸繪畫與創作及觀察各種充滿色彩的物品，可讓孩子在生活中啟蒙美感、促進對於顏色的理解和經驗及培養視知覺能力。

嬰幼兒的顏色的發展歷程：

6 個月	1.5 歲	2 歲
開始會被顏色鮮豔，如紅、黃、藍的物品吸引。	對塗顏色產生興趣。	分類顏色。

2.5 歲	3～4 歲	5 歲
依據孩子的生活經驗掌握物品和顏色的關連，如爸媽問蘋果是什麼顏色？孩子會答紅色。	對顏色的深淺有概念。	對顏色的認知很成熟，理解色系，像是粉紅、桃紅及鮮紅的差異並命名。

浴室鼓手

適玩年齡：10 個月以上

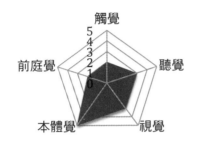

觸覺
5
4
3
2
1
0
前庭覺
聽覺
本體覺
視覺

✓ 增加手臂肌肉運動

✓ 提供皮膚觸覺刺激

口訣 >> 敲敲水面、敲敲敲。水花嘩啦嘩啦跑出來。
爸媽和寶寶一起握著浮條，在水面到處敲敲發出
聲音，也製造水花吧！

準備物品 >>

● 保特瓶或短浮條

● 臉盆（裝水）

玩法步驟 >>

1 爸媽讓寶寶安全的坐在浴室地板，輕拉著寶寶的手，引導他用手掌拍擊臉盆水面產生水花。
2 與寶寶一起握著保特瓶或浮條，嘗試敲擊臉盆的水面產生聲音或水花。
3 讓寶寶自己嘗試用手或保特瓶拍打水面。

變化玩法 >>

- 到泳池遊戲可以敲打更大的水面。爸媽可以帶著孩子在水中到處移動，敲擊牆壁、欄杆、水面等，但需注意不要影響他人。
- 選擇讓寶寶使用單手或雙手使用道具。

1.5 歲以下	2 歲以上
可以用單手或雙手一起操作保特瓶敲打水面。	可以練習用雙手一起拿著短浮條敲打，或是一手一支保特瓶。

ⓘ 水中感統小叮嚀 •))

- 配合兒歌的節奏和重音上拍打水面，會更有趣喔！如依比呀呀，依比依比呀。

❤ 敲打動作增強手臂肌肉運動

寶寶需要舉高手臂,使用保特瓶或短浮條敲打水面,過程中透過本體覺與爸媽的引導,學習到手臂舉的高度與力道不同會製造出不同程度的水花;除了上下敲擊,還可左右移動,增加手臂的活動量。

❤ 水花濺起提供皮膚觸覺刺激

接觸水花噴濺的觸感及冰涼或溫熱的溫覺,可以讓寶寶累積、適應各種觸覺刺激。

❤ 啟蒙視覺空間感,學習因果關係

敲打水面或臉盆時,寶寶需要整合視覺資訊,學習物品和自己的位置,為之後的手眼協調發展做準備。此外,寶寶還能學習因果關係,如敲打水面會產生水花,敲打臉盆會發出聲音。

 職能治療師告訴你

遊戲的時候,孩子大腦會發生什麼事?

大腦的前額葉掌管非常多的功能,包括決策能力、計畫能力、問題解決、推理、社交和情緒發展,這都和個體的生存有關係。研究發現,遊戲行為對生物的大腦非常重要。遊戲經驗越豐富,越可改變大腦前額葉的神經元連結,能幫助塑造利於社交行為的大腦,使個體知道如何選擇正向的互動技巧。

孩子在遊戲的時候,透過整合視覺、聽覺、本體覺等感官資訊,讓大腦計畫、產生相對應的行為,並再調適、學習和自我回饋,讓每次的遊戲或行為產生最佳的反應和結果。可以見得遊戲和感覺統合有非常重要的關係,也對孩子的大腦發展扮演非常關鍵的角色。

尾巴在哪裡

適玩年齡：1.5 歲以上

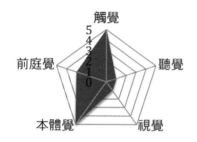

✅ **增進觸覺區辨能力**

✅ **建立身體基模**

||||||||||||||||||||||||||||||||||||||||||||||||||||||||||||||||||||||||||||||||||||||||||||||||||||

口訣 >> 尾巴呢？看不到，
　　　　那摸摸看在哪裡呢？

請找找看，
尾巴在哪裡？

準備物品 >>

● 紗布巾（小手帕、髮圈、襪子）

玩法步驟 >>

1 爸媽在浴池中抱著孩子。

2 將紗布巾放在孩子面前，讓孩子注意並想要伸手拿。

3 接著將紗布巾藏在孩子脖子後方、背上（或夾在泳帽或泳褲裡），
　同時說，「請找找看，尾巴在哪裡？」

4 引導孩子找到紗布巾；同時說，「找到了，好棒！」給孩子大大
　的鼓勵。

變化玩法 >>

- 姿勢不同，難度也不同，若是站在水裡，並將紗布巾綁在孩子的腳上，拿取時需要單腳平衡。
- 藏在看不到的地方增加難度，如脖子後方比肩膀更難；越細軟的紗布巾，越容易黏附在身上更具挑戰性。

ⓘ 水中感統小叮嚀 🔊

- 可依孩子的抓握與指尖運用能力，提供不同大小、長度的方巾，甚至是髮圈或襪子。

♥ **遊戲優點**

♥ **透過提升觸覺區辨能力，把泡泡洗得更乾淨**
透過觸摸感受濕皮膚和濕毛巾質地的不同，讓孩子手伸到背後練習在看不到的情況下尋找，可提升手指觸覺區辨，類化到洗澡時有助手指尋找到泡沫並搓洗乾淨。

♥ **整合觸覺及本體覺，建立身體基模**
透過觸覺感知質地並以尋找紗布巾來探索身體各部位，有助孩子建立身體基模，為分辨身體各部位與環境的相對位置打下基礎，較不容易撞到東西。

♥ **建立後方身體基模，可應用到生活自理**
孩子經常透過鏡子或直接看到自己的正面，但是背面卻很少有機會認識，透過這個活動，可先增進背側觸覺感知毛巾覆蓋的位置再伸手觸摸，有助於孩子未來生活自理，如拉平後方衣褲、紮進後方襯衫、整理後方衣領等。

什麼是身體基模，重要性為何？

身體基模（Body Schema）是一個儲存於腦中的身體地圖，包含身體各個肢體部位、相對位置與關係、各別可做出的動作，如知道自己的手在哪裡，並知道手可以拿東西、知道屁股在身體的後方等，這些都是身體基模的概念發展結果。

身體基模在寶寶出現主動探索環境的動作時即開始發展，例如伸手抓搖鈴，寶寶會體驗到手往前伸直的本體覺、碰觸到搖鈴的觸覺、眼睛看著手對準搖鈴等這些感覺經驗，這些行為都是寶寶正在開始建構身體地圖中對於手的概念。

隨著寶寶們探索環境與運用肢體的經驗增加，並結合認知的發展，在 1 歲半到 2 歲之間，寶寶即穩定的知道自己手腳、五官、身體各部位的概念與用途。

身體基模的發展幫助孩子更有效率運用肢體，如在穿外套時，雖然眼睛看不到後方，但卻可以準確的把手伸入袖口，就是因為孩子已建立身體基模的概念。此外，身體基模的發展也幫助孩子能有效率完成新的動作（動作計畫能力），或是能流暢的做出連續性的動作，像是跳舞時能跟上節奏等。

▶ 身體基模的發展幫助孩子更有效率運用肢體。

河馬吐泡泡

適玩年齡：1.5 歲以上

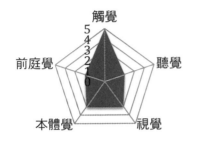

- ✓ 適應口腔觸覺刺激
- ✓ 培養小肌肉發展

||||||||||||||||||||||||||||||||||||||||||||||||||||||||||||||||||||||

口訣 >> 河馬波波來囉！噗嚕噗嚕，

　　　　1、2、3 我們來吐泡泡囉！

噗嚕～ 噗嚕～

準備物品 >>

- 布丁杯
- 水瓢
- 乒乓球

玩法步驟 >>

1 協助孩子坐著浴室地板，拿著布丁杯和水瓢；或蹲在浴缸中讓臉部靠近水面。

2 爸媽以誇張的表情，大口吸氣並對著水面吹氣、吐泡泡。

3 引導孩子大口吸氣，假裝自己是河馬，大口吸氣預備，接著用嘴巴對著水面吐泡泡，或潛進水中吐泡泡。

- 可依孩子的口腔發展來調整難度，如在裝滿水的布丁杯放 1 顆乒乓球，引導孩子用嘴巴「吹氣」將球吹出杯子。熟練後再換到浴缸或泳池，在水面以吹氣或吐泡泡的方式將球吹走，或練習吹肥皂水泡泡、紙片及蠟燭。
- 2 歲以上的孩子可以嘗試使用吸管對著水面吹氣或吹泡泡，並調整吹泡泡時間的長短，時間越長，越能練習肺活量。

水中感統小叮嚀 ·))

- 還不會吐泡泡時可先讓孩子觀察、模仿爸媽的動作。
- 若想練習吐水，可以在洗澡時，練習用嘴巴含著「飲用水」，再張開嘴巴讓水流出，或是把口中的水吐出來。

遊戲優點

♥ 適應口腔周遭的觸覺刺激

嘴唇周遭是非常敏感的區域，所以大小泡泡產生與消失的過程，對口腔周遭會有非常密集的觸覺刺激，可協助孩子適應泡泡的觸感，類化到洗臉、刷牙時能夠習慣嘴唇周遭有泡沫殘留。

♥ 培養口腔小肌肉的發展

透過模仿爸媽及自己練習吐泡泡的過程，如張嘴、吸氣、揪嘴、吐氣等動作，這些口腔經驗有助孩子未來咀嚼、呼吸、說話咬字的表現。

♥ 增加孩子的肺活量，類化漱口、吐水的預備動作

發展的過程是先從吸水、吞水開始，透過口腔肌肉練習與模仿，可讓孩子學習吐水、吐泡泡等動作，較能將動作經驗延續到生活中使用，也不用擔心孩子老是把漱口的水喝進去。

0～2歲寶寶的口腔動作發展

0～4個月

舌頭會反射性的前後動作,吸吮／瓶餵為主。

4～6個月

舌頭為自主性的上下動作,口水變多;可吸進湯匙上的食物。

7～9個月

有一些舌頭側向動作、開始長門牙、無法咬碎食物。開始嘗試杯子喝水。

9～12個月

更多舌頭側向動作、開始長側門牙、無法咬斷食物。

12～18個月

能夠咀嚼、咬斷軟質食物,較能獨立進食,使用吸管。

18～24個月

在口腔轉動食物、咀嚼更好,能咬斷一點點硬的食物;可連續喝水。

（資料提供：王亦群語言治療師）

小園丁澆花

適玩年齡：1.5 歲以上

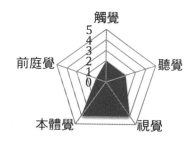

觸覺
5
4
3
2
1
0
前庭覺　　聽覺
本體覺　　視覺

- ✅ 動作控制更穩定
- ✅ 練習手眼協調
- ✅ 豐富想像力

口訣 >> 「嘩啦啦下雨了，一起來澆花吧！這裡也要澆，
　　　那裡也要澆！」爸媽帶著孩子使用花灑把塑膠杯
　　　裝滿，配合歌曲或情境，營造下雨或澆花的氣氛吧！

準備物品 >>

- 大象或造型花灑
- 不同口徑的塑膠杯
- 塑膠玩具花

玩法步驟 >>

1 準備不同容量的花灑和塑膠杯擺在
浴缸旁邊，放一朵花在杯子裡當作
盆栽。

2 請孩子坐在浴室地板或者浴盆裡,爸媽和孩子一人拿一個花灑。

3 爸媽先示範一次,用花灑將水倒進一個空杯,並說,「我們來澆花。」

4 再協助孩子將手臂舉高,練習自己將花灑的水倒入空杯。

變化玩法 ≫

- 調整操作花灑的方式,如可以用單手或雙手拿,或者雙手各拿一個花灑。

- 可以試試看操作不同容量的花灑。花灑容量越大,裝滿所需的時間越長,手臂越費力;也可以調整杯子準備要被盛裝的水量,如在杯子的特定高度貼上膠帶,請孩子練習將水倒至膠帶的高度。

- 倒水過程請孩子練習不要潑灑出來,盛接容器的口徑越小,難度越高。

♥ 遊戲優點

♥ 豐富本體覺訊息,讓動作控制更穩定

花灑裝水的重量增加和倒水的過程都有本體覺輸入,可協助改善孩子的動作控制的表現。不同重量、大小的花灑都拿得好,孩子在生活中自己倒水時,可以順利而不會打翻。

♥ 練習手眼協調動作

看到花灑出水口和容器指定水量的位置,準確地移動手臂把花灑移到正確的位置,並嘗試穩定地把水倒進容器裡。可以整合視覺與動作的回饋,有助孩子在生活中自己倒水時,可以順利倒水不過量。

♥ 練習手腕穩定度

倒水的過程,需要穩定花灑才不會把水溢出來。手臂與手腕需要用力維持姿勢,才能保持花灑的位置,有助於孩子類化到未來的寫字或畫畫的運筆。

職能治療師告訴你

孩子過度興奮、停不下來？放空發呆、反應慢半拍？

警醒度（Arousal level）為腦部神經系統的警覺狀態，影響我們感受外界環境、適當反應的速度及效率。當孩子的警醒度適中時，孩子顯得有效察覺自己和環境刺激，輕鬆的學習、玩耍。警醒度過高時，情緒行為顯得過於興奮激動、動作急躁、容易注意到環境中的聲音或視覺輸入而分心，將認知投注在不該注意的。警醒度過低時，孩子會呈現懶洋洋、動作與反應慢的狀態。

警醒度在一天中會有各種起伏。大腦有自我調節的能力，當感到疲憊時，自然會想做些伸展活動、用冷水洗臉，試著保持警醒。孩子的腦部還在發展，不像爸媽可以穩定的判斷情境，讓自己維持適當的警醒度。因此我們可以透過各種感覺輸入，來幫助孩子自我調節。

爸媽可以透過各種感覺輸入來幫助孩子調節，進而讓孩子學習並逐漸能自我調節。

當孩子過度警醒、情緒行為較激動時：

✅ 規律慢速的前庭覺活動：小幅度盪鞦韆、抱著孩子輕輕搖晃。

✅ 觸壓覺活動：按摩及與爸媽或娃娃擁抱。

若是 2 歲以上的孩子可以考慮下列活動來調節過高的警醒度：

✅ 出力的本體覺活動：爬樓梯、攀爬架、匍匐前進、吊單槓、背書包爬坡。

✅ 伸展的本體覺活動：坐姿體前彎、伸展動作。

當孩子懶洋洋、反應慢時：

✅ 大幅度的前庭覺活動：盪鞦韆、翻跟斗、轉圈圈、跳床。

✅ 輕觸覺活動：搔癢、潑水花。

擠柳橙汁

適玩年齡：1.5 歲以上

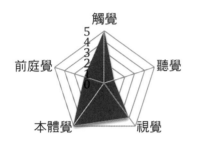

- ✅ 豐富手部觸覺
- ✅ 培養手掌抓握與手指肌力
- ✅ 發展雙手操作能力

|||||||||||||||||||||||||||||||||||||||||||||||||||||||||||||||||||||||||||||||||||

口訣 >> 擠啊擠，我們一起來
擠柳橙汁把杯子裝滿吧！

準備物品 >>

- 海綿（紗布巾、沐浴手套）
- 容器（碗、杯、臉盆）

玩法步驟 >>

1 準備臉盆、杯子及海綿或可吸附水分的物品。

2 請孩子站在浴室安全的地方或坐在浴盆裡；若是坐在浴缸裡，水深只需要 2 cm 以內。

3 爸媽先示範將海綿浸泡在臉盆或浴缸裡吸飽水，再以手掌用力擠壓海綿，將水擠到容器裡裝滿。

4 引導孩子重複一次步驟 **3**。

變化玩法 >>

- 可以選擇材質不同或體積不同的吸水材質，如紗布巾、海綿、小鴨玩具、毛巾等，讓孩子感受各種觸感及需要費力的程度。
- 選擇單手或雙手擠壓，需要使用不同的肢體協調；若選擇盛裝水的容器越大，孩子就需要花費越多的時間與力氣；或是增加盛裝容器的數量，數量越多孩子活動手指的時間就越久。
- 待孩子大一些，考量孩子的年齡與社會互動發展，可選擇增加活動人數，像是單人玩水、雙人合作、多人競賽等，如爸媽和孩子合作，一起用海綿把各種容器裝滿水。

♥ 遊戲優點

♥ 豐富手部觸覺感受

不同吸水物品的材質，如紗布巾、海綿有不同的觸感；而擠壓所產生的水流、水滴也能夠提供多元觸覺刺激的效果，有助建立觸覺資料庫。

♥ 培養手掌抓握、手指肌力及雙手操作能力

操作已經吸附水分的海綿或紗布巾，需要靈活使用手掌與手指小肌肉，才能順利吸附、擠壓水分與製造水流、水滴；水分殘留越少，孩子的手掌和手指越需要用力才能順利的擠出水分。此外，當海綿較大、特殊形狀，單手操作不夠使用時，需整合雙手共同操作物品。

♥ 培養手眼協調能力

將海綿移動至容器上方，同時瞄準開口位置，才能順利將水擠進容器裡。必須運用視覺判斷距離、方向並整合本體覺，透過不斷練習來提升手眼協調能力，讓擠水遊戲的準確度可以越來越熟練。

♥ 類化日常生活自理能力

過程可感受海綿或紗布巾要如何操作及擠壓海綿，才可吸附及擠壓出水分，有助生活中扭毛巾或洗衣服的能力培養。

🛈 水中感統小叮嚀 ·)))

- 若寶寶在口腔探索期,喜歡咬玩具磨牙,為避免啃咬誤食,不建議使用海綿且應選擇大小 5x5cm 以上的物品會比較安全。

職能治療師告訴你

0～2 歲寶寶的雙手操作能力發展

寶寶的抓握從反射開始,接著使用手指、手腕、雙手操作、工具(湯匙、色筆)、指尖操作等。以感覺統合歷程來說,寶寶需要整合各種感覺資訊、動作經驗,最終發展學習能力、大腦與身體的專精以及確認慣用手等。以雙手操作能力為例,需要在成長的過程整合視覺、觸覺、本體覺的資訊,同時控制和協調雙側肢體。這對兩側的大腦來說是一個很重要的資訊分享與有效率的溝通過程,對未來的生活自理、精細操作、視動整合也有幫助。

3～5 個月	雙手抓握物品。
6～8 個月	雙手交換玩具、雙手各拿一個積木。
9～11 個月	雙手敲打玩具。
12～15 個月	單手或雙手翻書卡。
16～19 個月	一手扶著瓶子,另一手把物品放到瓶子。
20～23 個月	模仿大人用雙手摺紙。
24～27 個月	雙手串大顆珠子(一手拿線、另一手拿珠子)、雙手打開瓶蓋。

製作冰淇淋

適玩年齡：1.5 歲以上

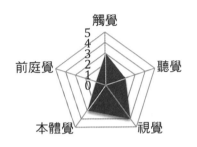

✅ 訓練眼睛小肌肉

✅ 提升視覺注意力、
   視覺動作整合

|||||||||||||||||||||||||||||||||||||||||||||||||||||||||||||||||||||||||||||||||||

口訣 >> 天氣好熱、流了滿身汗，好想吃冰冰甜甜
的冰淇淋呀！什麼口味好呢？

準備物品 >>

● 彩色塑膠球

● 塑膠杯（布丁杯）

玩法步驟 >>

1 讓孩子坐在浴缸裡，或是家中的小泳池裡。

2 爸媽在水池內放置一些彩色塑膠球，並在浴缸旁放一排塑膠杯。

3 爸媽示範用一隻手撈起漂浮在水面上的球並放進塑膠杯裡，拿起
杯子像在吃甜筒一樣。

4 引導寶寶模仿撈球、放球、拿甜筒的動作。

變化玩法 ≫

- 2歲以上的孩子可以開始玩情境遊戲囉！請孩子當老闆，爸媽來買冰淇淋吧！讓孩子一手拿著杯子去撈取紅色的球（草莓冰淇淋）放入杯中（甜筒）；再引導孩子以手沾水（或拿花灑），將水（巧克力碎片）灑在冰淇淋上方；請孩子自己練習做一次，完成後給予孩子大大的笑容及鼓勵。
- 也可以由爸媽拿著甜筒、孩子撈冰淇淋一起完成；由孩子詢問爸媽喜好的口味並選擇不同顏色的冰淇淋，以增加社交互動技巧。

(i) 水中感統小叮嚀 ·))

- 越大的球越不容易抓握；杯子的開口越小，越挑戰手眼協調能力。
- 依孩子的粗大動作發展調整難度，如一開始將孩子抱在身上玩，接著請孩子在地上行走，再大一些可以在泳池請孩子走在浮板上，有目標性的去拿球並放到杯子裡，挑戰平衡能力。

♥ 遊戲優點

♥ **訓練眼睛小肌肉、提升視覺注意力**
追逐漂浮的球，上、下、左、右轉動，眼睛要能追著移動的球轉動，需要左右眼的小肌肉互相合作、協調將眼球調整到正確的角度。此外，也需運用視覺注意力，專注在目標且忽略環境中的雜訊如水波及其他玩具等。

♥ **提升孩子視覺動作整合**
眼睛看得到，力道控制要剛剛好，手才拿得到球。水中的球會載浮載沉、用手抓取時的水波也會把球推遠；透過練習，可讓孩子認識水的特性，且知道將手緩慢且輕巧的靠近球，讓過程更有效率，藉以增進視覺及抓取動作的協調能力。

你的草莓冰淇淋

職能治療師告訴你

假扮遊戲對孩子的益處？

　　假扮遊戲是孩子模仿能力發展的結果，在虛擬的遊戲情境中進行，由虛構的代替實際，常見的是「以人代人」及「以物代物」，例如孩子假裝當老闆就是以人代人的情境，球假裝是冰淇淋就是以物代物的情境。根據皮亞傑認知發展理論，不同的年齡會有不同的假扮遊戲表現，並藉由假扮遊戲，獲得對現實慾望的滿足。

1 ～ 1.5 歲

自我的假扮遊戲（pretend self-play），孩子自己創造情境自己去演，如假裝哭、喝水、吃東西、講電話的動作。

1.5 ～ 2 歲

外在假扮遊戲（pretend external play），指的是拿外在的物品去演，如拿著娃娃假哭、拿小杯子餵娃娃喝水、拿著小馬吃草、拿積木放在小熊的耳朵旁假裝聽電話。

2 ～ 3 歲

系列性假扮遊戲（sequence pretend），指的是一連串的動作，如拿著娃娃假裝跌倒然後哭、先拿著杯子倒水再拿給娃娃喝、拿著小馬吃草然後幫小馬擦擦嘴、先用積木撥打電話再放到小熊耳邊聽電話。

3 ～ 6 歲

角色扮演（role playing），開始和同儕有互動，各自扮演不同角色、有劇情性的扮家家酒，如：扮演媽媽在家等大家回來，爸爸按門鈴，媽媽去開門，幫爸爸倒水準備小點心，爸爸邊吃邊講電話，為假扮遊戲的高峰，6 歲以後會逐漸減少。

拼貼藝術家

適玩年齡：1.5 歲以上

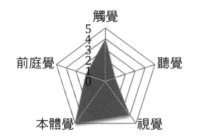

- ✅ **動作控制更穩定**
- ✅ **刺激手指小肌肉發展**
- ✅ **啟蒙形狀、顏色辨識**

口訣 >> 把房子黏在牆上吧！要蓋什麼顏色的房子呢？
還可以黏成什麼呢？

準備物品 >>

- 戲水拼貼玩具（市售用泡綿、塑膠製）
  或以不織布自製各種形狀貼（圓形、
  三角形、趣味造型等）

- 臉盆

1 讓孩子坐在浴室地板或浴缸裡,爸媽說明牆壁上黏有拼貼玩具,一邊引導孩子使用手指將玩具取下。
2 爸媽依序介紹黏在牆壁上拼貼玩具的顏色、形狀或圖案。
3 請孩子把牆壁上的拼貼玩具撕下來,使用單手或雙手都可以。
4 接著把拼貼玩具放在地板或水面,讓孩子自己將玩具放在臉盆裡沾水,再貼回浴室牆壁上。

變化玩法 >>

● 拼貼的大小、形狀及厚薄都會影響難度。如形狀簡單、大且厚的較容易抓握;複雜、小且薄的,則需要使用手指指尖三點捏取。
● 可以嘗試調整拼貼的位置,如上、下、左、右,越高、移動範圍越大,孩子越需要控制手臂的幅度。
● 孩子大一點時可以進行顏色或形狀分類及配對。可先從相同顏色 + 相同形狀開始;並隨著年齡改變配對方式,如相同顏色 + 不同形狀、不同顏色 + 相同形狀、指定顏色 + 指定形狀等。

ⓘ 水中感統小叮嚀 ·))

● 不需要膠水的黏貼遊戲開始囉!把各種材質、大小、形狀的拼貼玩具貼在浴室的光滑牆壁上,就可以讓寶寶發現牆壁上的各種圖案,試著伸手把貼紙抓下來或貼上去。

❤ 整合本體覺讓動作控制更穩定

在移動的過程需整合本體覺訊息,同時控制肩膀、手臂及手腕的穩定度,才能順利將拼貼玩具貼在垂直的牆面上,有助孩子將來學習操作工具,如運筆寫字和畫畫。此外,站在裝水的浴缸、兒童泳池玩拼貼會挑戰平衡能力,浮力與水流會干擾在水中的姿勢,孩子要學習控制姿勢轉換和穩定度。

❤ 黏貼和撕下貼紙幫助手指小肌肉發展

因貼紙形狀和厚薄程度的不同,加上水的吸附讓手指要撕下貼紙會稍微費力,可讓手指小肌肉有不同的練習情境,對生活訓練如扣鈕釦、拉拉鍊等有幫助。

❤ 啟蒙形狀與顏色的辨識、增進視知覺發展

接觸各種顏色與形狀的拼貼,爸媽可以介紹這個是圓形、三角形和動物圖案等,讓孩子在遊戲中可以認識形狀和顏色的組合。在牆面和水面要找到爸媽指定顏色或形狀的拼貼,需要整合視覺專注、空間關係和主題背景能力等,整合視知覺能力。

孩子的視知覺發展

視知覺和水中遊戲有什麼關係?在拼貼遊戲中,孩子需要專注觀察在牆壁和水面上的形狀是否有相同(視覺專注);在這麼多的泡棉貼紙和水流中,找到想要配對的那一個形狀(主題背景);在拼貼過程,不論形狀貼的方向都還是可以確認是什麼形狀(形狀恆常);操作要黏貼在牆壁的過程,平面的改變讓孩子知道上下左右的相對關係(視覺空間關係);並在創作的過程可以拼湊一個物體的形狀(視覺形象化)。

本書的許多遊戲,都要從水的顏色、光影與水流干擾,找到目標玩具或是指定任務,都需要視知覺與肢體動作來整合大腦的資訊,並做出最合適的遊戲反應。

花灑足球

適玩年齡：1.5 歲以上

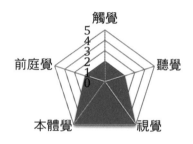

觸覺
5
4
3
2
1
0
前庭覺　　　聽覺
本體覺　　　視覺

✅ 整合本體覺與視覺訊息
✅ 發展手眼協調動作

||||||||||||||||||||||||||||||||||||||||||||||||||||||||||||||||||||||||||||||||||||||

口訣 >> 「滾滾滾，用水把球沖走吧！」
用花灑製造水流，讓塑膠球或小車子在
浴室地板滾動前進。

準備物品 >>

● 花灑
● 塑膠小球（乒乓球、小車子）
● 浴室止滑墊

玩法步驟 >>

1 讓孩子坐在浴室地板上。
2 家長先示範用花灑將水淋在小球上，讓小球移動位置。
3 協助孩子拿起花灑，使用花灑倒水移動小球。
4 請孩子自己試試看讓小球在浴缸或浴室地板滾來滾去。

變化玩法 >>

● 也可以在浴缸或充氣泳池的水面玩這個遊戲！過程都只能用水流讓玩具移動，不能用手碰喔！移動球的距離越遠、時間越久，越要專注控制花灑。

● 花灑的口徑越小、水流越小，越難移動球。選擇的球越大，越難用花灑的水流控制。

ⓘ 水中感統小叮嚀 ·))

● 使用花灑來移動球，和一般用手滾球不同。透過水流當作產生動力的媒介，才能順利推動塑膠球來移動。在持續盛水的過程，需要孩子手臂肌耐力和手眼協調，以及透過本體覺回饋與感受重量來確認花灑水量是否足夠。

● 在浴缸或小泳池玩的時候水面會有各種干擾，例如花灑的水流、身體移動造成的擾流等，讓球一直呈現各個方向的滾動或漂動，更有趣味也更有挑戰。

❤ **培養孩子的視覺專注力、發展手眼協調動作**

透過水流推動的球在地板滾動的方向不是固定的；需要在遊戲過程專注球可能因此移動的位置，才能做出下一步的反應。透過操作滾動的球，練習控制動作的協調與準確度，有助發展未來球類技巧。

❤ **整合本體覺與視覺訊息**

在水中移動玩滾球，孩子需要用眼睛追視物體的移動、判斷倒出水流的力道、方向、倒水位置，同時維持平衡感並發揮手眼協調、操作工具、問題解決能力等，不斷修正自己的動作方向才能讓滾動的球持續移動。

❤ **培養手腕穩定度，學習如何使用工具**

裝水的花灑有一定的重量，並隨著水量改變重量也會減輕。孩子需要練習手臂肌耐力及使用手腕穩定花灑，才能控制倒水的方向，有助於未來運筆寫字和畫畫、幫忙搬東西時也不容易打翻。

職能治療師告訴你

孩子動得越多越專心！

很多孩子坐不住、跑來跑去，但真正的注意力不足過動症候群（ADHD）的孩子在台灣只有 5 ～ 8 %，並不是每個愛動的孩子都是過動。

過動的孩子因為大腦神經傳導物質不足，而被認為會影響學習動機、動作控制、注意力不集中等；也就造成在學業表現遇到困難，無法專心學習、容易躁動等。

研究中指出，運動會產生多巴胺、正腎上腺素等神經傳導物質，具有增加孩子認知發展、預防老年人認知退化等益處。此外，結果也發現，孩子進行水中運動課程後，心肺功能、平衡與肢體協調能力都有進步，同時改善 ADHD 孩子的大腦抑制功能（提升 9 %），也就是說孩子更能專注在活動，而不受其他刺激干擾。

抓水母

★ 遊戲 6「泡泡氣球傘」延伸遊戲 ★

適玩年齡：2歲以上

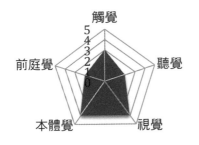

- ✅ 整合視覺、觸覺及本體覺，提升動作表現
- ✅ 培養視覺專注力
- ✅ 促進手眼協調

|||||||||||||||||||||||||||||||||||||||||||||||||||||||||||||||||||||||||||||||||||

口訣 ≫ 水裡有好多水母，但都躲起來了！我們一起撈撈看、找找看，把水母一一找回來吧！

準備物品 ≫

- 紗布巾
- 籃子

玩法步驟 ≫

1 請爸媽協助孩子站在浴缸（或充氣泳池）裡。

2 準備各種顏色的紗布巾放置在浴缸的水面，就變成飄浮的水母囉！

3 將漂浮在水面的紗布巾輕壓進水裡，接著示範如用手抓取、用腳勾起紗布巾，並放在籃子裡收好。

4 協助孩子站著、蹲著、坐著撈取載浮載沉的紗布巾，一一放進籃子裡。

- 用單手撈起一個,或用雙手同時抓兩個,可以練習手眼協調;若用腳勾取,則可練習平衡感。
- 紗布巾的深度不同,如手腕深、半個手臂深、一個手臂深,對孩子都是不同的挑戰。
- 如果是有潛水經驗的孩子,爸媽可以在泳池裡協助孩子帶著泳鏡,潛到水裡去抓取紗布巾;紗布巾越多,手臂活動的時間越長。

水中感統小叮嚀 •)))

- 遊戲的過程中,孩子必須專注觀察物品的移動方向,適應水流的干擾,才能做出最好的動作及反應,順利抓住紗布巾。

♥ 遊戲優點

♥ 整合視覺、本體覺與觸覺,提升動作表現

在水中會因為折射影響孩子抓取紗布巾的距離感,需要結合手臂移動時的本體回饋和是否觸摸到紗布巾的觸覺回饋來持續修正動作方向。

♥ 培養孩子的視覺專注力、手眼協調動作

因為浮力與水流干擾,紗布巾會在水面或水中漂動,孩子必須要專注看準(追視)物品移動的方向,並不斷調整動作,才能準確抓到漂浮的紗布巾,這個修正動作的過程,有助發展手眼協調能力。

♥ 探索指尖觸覺敏感度、認識水的浮力作用

需要用手指觸感去分辨水與紗布巾等物品的材質差異,進而準確抓起躲在水中的紗布巾;不同材質或大小的紗布巾,有可能浮在水面或沈在水中漂動,可以讓孩子認知到物品會有別於陸地上的狀態。

常常找不到東西？寶寶的「主題背景」視知覺發展

主題背景能力指的是在空間中從一堆顏色、形狀、大小不同的物體，準確發現（區辨）並找到自己想要的目標，這代表寶寶可以專注在自己想要看的主體而不被其他背景所干擾。如在一堆積木中找到正方形、在衣服堆中找到自己的襪子、書桌上找到筆、從玩具箱找到想要的紅色小車、繪本中找到黃色小鴨，這都以寶寶的視覺為基礎發展，結合大腦認知所構成「視知覺」能力中的一個要素。

當寶寶可以注意到一個物體的存在，主題背景能力就準備開始發展。大概在 3 個月時，寶寶的注視能力比較明確，能追著有興趣的玩具看；5 個月大時能夠辨識熟悉的臉孔（爸媽）和觀察環境。

在可以獨立維持坐姿的 7～8 個月時，又是另一個階段的發展，寶寶對於環境的視野更廣泛，可以觀察環境中更多的物品，也開始對有興趣的物品想要抓抓看，幫助大腦區辨主題與背景。等到會走路之後，更能幫助孩子建立一個物體和自己關係的記憶庫，也就是空間關係的發展。主題背景能力的成長，有助於孩子未來的閱讀和抄寫能力。

在生活中如何協助寶寶啟蒙主題背景能力？

✅ **繪本共讀時：**
爸媽可以手指指出劇情中的主角或特色，協助寶寶發現圖片中的主體，如黃色的點點；等年齡再大一點，可以玩類似躲貓貓的遊戲書，如尋找紅白條紋的小男孩、逃跑的小金魚。

✅ **玩玩具時：**
協助從 3 個玩具中找到寶寶平常最喜歡的玩具。

✅ **公園散步時：**
一起指出小鳥、花、樹在哪裡；或帶著大一點的孩子找到招牌標示的圖案或數字。

打鯊魚遊戲

★ 遊戲 11「浴室鼓手」延伸遊戲 ★
適玩年齡：2 歲以上

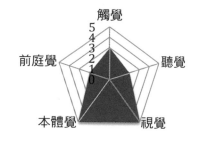

- ✓ 提供本體覺輸入、
  促進大肌肉發展
- ✓ 促進視動整合能力，
  培養手眼協調能力

口訣 ≫ 敲敲水面、輕敲鯊魚，把牠們通通抓起來！

準備物品 ≫

- 保特瓶（浮條）
- 塑膠小球
- 漂浮玩具

玩法步驟 ≫

1 在地板準備一個裝水的臉盆，或在浴缸裝水約 5 〜 10cm 深。請
  孩子坐在浴室地板或站在浴缸裡。
2 把小球和漂浮玩具放在浴缸或臉盆水面，把玩具當作鯊魚，讓爸
  媽先示範以保特瓶敲打水面上的玩具（鯊魚）。

3 讓孩子握著保特瓶坐在浴室地板（或站在浴缸），握著保特瓶當作敲擊的道具，先練習敲擊水面。

4 引導孩子使用雙手或單手，或一手拿一支寶特瓶敲擊漂浮在水面上的小球或玩具。

 水中感統小叮嚀

- 站在浴缸玩要注意安全避免滑倒，或是在充氣泳池中放入安全深度的水讓孩子玩。

職能治療師告訴你

親子共同參與活動非常重要

親子互動與依附關係的品質息息相關。孩子在有了可依附的安全對象後，才會比較放心的探索周遭新環境及嘗試新學習的技能，進一步發展自主和主動。孩子透過互動而成長，而互動也和親子從事的共同職能（Co-occupation）有關，如爸媽協助孩子進食及一起洗澡、遊戲等，親子在互動過程的參與、感受或回應彼此的情緒等都能加深彼此的依附關係。

早期的親子互動多以母嬰遊戲為主，寶寶從這些遊戲與互動中，學習各種基本能力、語言、認知和社會發展。親子互動應以孩子為主導，自由的遊戲是最佳的形式，孩子在享受遊戲中學習和成長。

爸媽身為角色典範，應給予足夠的時間、空間和道具讓孩子玩；孩子會透過觀察及聆聽家長的行為表現，並在模仿中探索與學習。爸媽也能在互動的過程中深化親子關係、強化自我身份的認同和獲得成就感。

- 敲打浮在水面的玩具比較簡單，可以把玩具放在水面或壓進水裡。
- 把玩具壓到水裡再突然放開，讓玩具浮出水面。會因為深度、浮力和水流的干擾而改變玩具浮出水面的速度與方向，較難預測也較有趣。
- 請孩子等待時機或口令，爸媽放手讓玩具浮出水面，讓孩子敲擊跑出水面的玩具。

♥ 遊戲優點

♥ 提供本體覺輸入，促進大肌肉發展

抓取保特瓶（浮條）敲打的過程，除了保特瓶本身的重量外，每個動作與肌肉的使用，都會有相當豐富的本體覺回饋。透過遊戲大量使用各個手臂肌肉，有助手臂耐力的發展。

♥ 培養追視能力、視動整合及手眼協調能力

要敲打在水面上漂浮或從水裡浮出水面的玩具，需要專注瞄準玩具移動及漂浮的方向；隨著水面波浪或水流的帶動，孩子更需要追視玩具的移動方向，最後保持專注、控制手臂敲擊；過程中不斷透過手眼協調來修正動作以逐漸提高敲擊的準確度，有助未來球類運動的能力。

♥ 提升耐性與衝動控制

遊戲過程總是有失誤、沒有敲擊到玩具的時候，爸媽需要陪伴並鼓勵孩子繼續挑戰；也可以引導孩子等待，看準玩具在水面漂浮的方向，或是等待玩具從水裡浮出水面的時機再敲擊，讓孩子練習並類化等待與控制衝動的內在行為。

海底寶藏箱

適玩年齡：2.5 歲以上

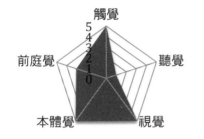

觸覺 5 4 3 2 1 0
聽覺
前庭覺
本體覺
視覺

- ✅ 增加手臂穩定度
- ✅ 促進手眼協調能力

|||||||||||||||||||||||||||||||||||||||||||||||||||||||||||||||||||||||||||||||||

口訣 ≫ 糟了！彩色寶石在水面上漂來漂去，
找不到怎麼辦，快把寶石收到珠寶箱裡吧！

準備物品 ≫

- 彩色塑膠球
- 透明籃子

玩法步驟 >>

1 爸媽先將彩色塑膠球放在浴缸水面。

2 爸媽示範手裡拿著透明籃子倒扣置於水面下，並將指定顏色塑膠球（如紅色寶藏）放置於水面下的透明籃子（寶藏箱）裡。

3 將塑膠球放回水面，由爸媽帶著孩子玩一次，如何將球壓進水面，放置於倒扣於水面下的籃子裡。

4 練習幾次，讓孩子自己完成。

變化玩法 >>

● 籃子放的越深，浮力讓孩子越需要控制穩定度、抓球的力氣也要越大。

● 使用單手或雙手放球到水中的籃子，練習慣用手或雙手協調。

● 將籃子的口徑變小，或是移動位置，都會增加難度。

ⓘ 水中感統小叮嚀 •))

● 把球壓得越深，為了對抗水的浮力，手臂和手掌肌肉越要用力。放手後，球彈起來的力道也會越大，要提醒孩子閃躲浮出水面的球。

❤ 增進孩子手臂的穩定度

若手臂不夠穩定，遠端的手指可能更不容易抓取物品。就像螺絲鬆掉的夾娃娃機長手臂，搖搖晃晃使爪子很難抓到玩具。透過拿取有浮力的球來抗水阻，可增進孩子手臂近端的穩定度，有助於增進遠端（手、手指）精細動作的發展。

❤ 促進手眼協調能力

當孩子在使用物品時，如抓住漂浮的塑膠球，需要眼睛看著目標、透過大腦解釋這個視覺畫面，大腦指導手部動作的位置，並且精確地執行，這即是「手眼協調」。

職能治療師告訴你

手眼協調對日常生活的影響？

良好的手眼協調表現，不只是需要眼與手的整合，潛藏於手眼協調能力底下，蘊藏的是孩子大腦對於視覺與身體應用的相關知識與控制。

以上述遊戲為例，孩子的大腦要能判斷水面上與水面下的空間相對位置、自己的手與籃子的相對位置，也要知道該用多大的力氣拿著球、手指拿穩球的感覺、整隻手的肌肉是不是協調平順的運用，最後形成我們所見：孩子能夠將球拿好，精準的放進他看到、要放進的籃子裡。

手眼協調是透過日常生活經驗逐漸累積發展，練習越多次會越精準、自動化，過程中孩子也會越來越有成就感。回想孩子第一次自己拿著湯匙吃副食品的模樣，儘管弄的一片狼籍但孩子是很有成就感的，透過一次又一次的練習，孩子可以更有效率的使用湯匙與叉子。同理，生活中我們要多提供孩子手部操作的機會，這些手眼協調的經驗將成為孩子未來堆積木、著色、剪紙、書寫的基礎。

鱷魚咬咬

適玩年齡：2.5 歲以上

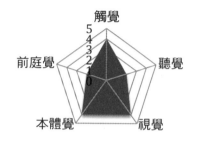

✔ 增強拿捏力道

✔ 促進小肌肉發展

口訣 ≫ 咬咬咬，大小鱷魚要吃餅乾囉！
注意！餅乾漂走啦！

準備物品 ≫

- 曬衣夾
- 塑膠雪花片或紗布巾
- 小籃子

玩法步驟 >>

1 在曬衣夾貼上兩個黑色圓點或貼上現成的眼珠貼紙，這樣就完成小鱷魚囉！

2 準備塑膠雪花片（或紗布巾）放在浴缸水面，使用曬衣夾當作鱷魚，並示範用一個曬衣夾夾住雪花片邊緣。

3 爸媽帶著孩子坐在浴缸中，協助孩子練習用手指捏曬衣夾的尾端，夾住雪花片或紗布巾。

4 帶著孩子移動曬衣夾靠近雪花片，捏放曬衣服尾端（打開、闔起鱷魚的嘴巴），夾住漂浮在水面上的雪花片或紗布巾（咬住餅乾），並放入小籃子中。

5 請孩子數數看，鱷魚總共吃到幾片餅乾？

變化玩法 >>

- 不同的曬衣夾難度也不同。曬衣夾越小，指尖操作越困難；曬衣夾越大，手指使用幅度越大；曬衣夾越緊，阻力越大，則手指越費力。

- 雪花片的數量越多，孩子手指操作時間越長，越是考驗手指耐力；同時也可以讓孩子練習數數。

- 來練習配對吧！相同顏色的曬衣夾，需夾住相同顏色的塑膠雪花片；或是跟著家長的口令，隨機指定要配對的顏色，如藍色的鱷魚想吃紅色的餅乾。

ⓘ 水中感統小叮嚀))

- 一開始爸媽可協助將雪花片固定住，孩子會比較容易夾住，待孩子稍習慣後，則可以嘗試使用曬衣夾去夾住漂浮移動的雪花片。

❤ 本體覺的處理與回饋，有助力道的拿捏

因為不同類型的夾子阻力不同，透過操作曬衣夾過程的輕重、鬆緊回饋感覺，可以讓孩子練習控制手指的力道，學習將曬衣夾打開合適的幅度，有助將來曬衣服的自理能力。

❤ 操作小工具的動作經驗，促進小肌肉發展

大小、阻力不同的曬衣夾，需要使用手指指尖捏握的各種型態（兩點、三點抓握等）累積控制手指並準確夾到漂浮雪花片的操作經驗，有助孩子運筆或使用筷子的能力。

❤ 培養孩子的專注力、豐富手眼協調能力

雪花片在水面上會漂浮、移動，孩子需要維持專注，看準物體移動的位置，抓準時機用曬衣夾夾住雪花片；需要整合視覺資訊和修正手臂移動的控制方向，累積手眼協調的動作經驗。若第一次沒有夾到，透過不斷的嘗試練習，孩子也能學習到最好的操作時機，也就是運用大腦的「動作計畫」能力喔！

❤ 啟蒙水的浮力

學習認識不同重量的物品在水中會有不同的結果，如很輕的塑膠雪花片會漂浮在水面上，紗布巾就有可能載浮載沉。也因此知道浮力和水流會讓雪花片在水面上移動。

❤ 發展孩子的數量認知概念

帶著孩子數數，知道有幾個曬衣夾、幾個雪花片，還有完成了幾組，隨著年紀發展，逐漸認識更多的數量。

▶ 帶著孩子數數，有助發展數量認知概念。

親水性和孩子日常生活的關係？

　　親水性指的是孩子對於水的特性感到熟悉且親近，願意嘗試和水有關的活動。從熟悉水的各種觸感、瞭解水的溫度、主動想要觸碰、能夠適應水滴在身上暫留及能夠浸泡在水裡等；與適水性不同的是，親水性是孩子願意親近、適應並喜歡接觸日常和水相關的活動，比較類似情感層面，而適水性比較著重在因應水的特性與如何在水中活動身體（例如游泳）所具備的能力。

　　以感覺統合的角度來說，親水性就是日常生活的洗臉、洗頭、洗澡，還有休閒娛樂的玩水與游泳，孩子都能夠接受與調適活動過程的各種感官刺激並做出適切的反應。

　　例如能夠短暫接受洗頭的泡沫，並在沖水時習慣泡沫與水流過臉頰與身體、能夠在游泳的時候，把臉浸泡在水裡、知道耳朵進水只是暫時的。

▶ 能夠短暫接受洗頭的泡沫。

撐傘躲雨

★ 遊戲 3「屋簷下雨我不怕」延伸遊戲 ★

適玩年齡：3 歲以上

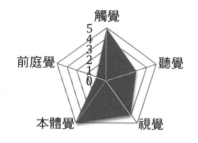

✅ 促進視動整合，發展動作反應

✅ 適應觸覺刺激、降低對水的敏感度

||||||||||||||||||||||||||||||||||||||||||||||||||||||||||||||||||||||||||||||||||||||||||||||||||||||

口訣 >> Rain Rain Go Away ～

雨滴有大有小，滴在身上好好玩。大雨來了怎麼辦？

雙手遮住我不怕，拿起雨傘躲雨囉！

準備物品 >>

● 臉盆（浮板）

● 花灑（杯底有洞的塑膠杯、大象／造型花灑）

RainRain Go Away～

玩法步驟 >>

1 爸媽使用花灑在周遭製造雨滴，一邊往孩子靠近一邊說，要下雨囉！

2 爸媽拿臉盆當作雨傘，幫自己或孩子擋雨。

3 接著讓孩子模仿爸媽、練習舉高臉盆。等看到家長把水流靠近自己時，看準時機舉高臉盆擋水。

4 搭配英文兒歌「Rain Rain Go Away～」或到泳池玩。

變化玩法 >>

- 調整孩子的參與程度。先請孩子和爸媽一起拿臉盆（浮板）擋雨，再讓孩子自己負責擋雨。從遊戲開始就拿著浮板擋雨，到爸媽給下雨提示、看準水流靠近自己的時機才舉高臉盆擋雨。

- 隨著孩子的年齡增加，可以讓孩子練習閉上眼睛淋雨、用雙手擋雨、拿臉盆（浮板）擋雨。

- 配合爸媽給的水量多寡，孩子手臂舉高臉盆的時間也有長短不同。

遊戲優點

♥ **培養視覺空間感、促進視動整合能力**

透過模仿或練習，遊戲過程要整合視覺資訊和動作反應。配合爸媽控制花灑移動的方向，孩子要抬舉臉盆，找到擋雨的最佳時機和位置；同時瞭解物我關係的距離感，判斷花灑和自己的距離。

♥ **適應觸覺刺激、降低對水的敏感度**

擋雨成功或失敗的過程，都會受到不同程度水量的觸覺刺激。感受並適應各種水滴和水流的觸感，透過遊戲的樂趣降低對於水的敏感度或嫌惡，培養喜歡玩水的習慣和類化到日常生活的洗頭、洗臉。

♥ **豐富假扮遊戲的經驗，培養想像力與生活事件連結**

假裝使用雨傘的遊戲，促進孩子對於日常生活的好奇與觀察，連結並回想下雨天會使用雨傘的記憶。遊戲過程描述的情境，可以培養孩子的想像力，豐富遊戲情境的各種可能。

 職能治療師告訴你

孩子像個小刺蝟，可能是觸覺防禦？

感覺調節能力是指當外在的感覺資訊輸入時，孩子能適切的解讀感覺資訊；若過度放大或是過度忽略感覺訊息，就會呈現感覺調節失調的表現。

觸覺防禦即是感覺失調常見的困擾之一，孩子對於觸覺資訊過放大，可能會出現各種不同程度的反應，造成日常生活、清潔衛生、情緒處理、人際關係的困難與挫折；更可能出現，如想要掌控環境的刺激、對於不相關的刺激顯得過度在意而出現分心的行為等。

值得注意的是觸覺防禦的孩子，大多是排斥被他人碰觸的被動觸覺刺激，但並不代表孩子不主動探索環境，有許多觸覺防禦的孩子也可能出現東摸西摸或碰觸他人等行為。

觸覺防禦的孩子常會有以下的行為表現：

✅ 避免某些材質的衣物（無法接受不同材質的布料）。

✅ 避免赤腳踩在沙地或草地。

✅ 避免與他人有太多肢體接觸，排隊時常常會排在最後一個。

✅ 排斥需要肢體接觸的團體遊戲（會被誤會成喜歡獨處）。

✅ 厭惡洗澡、刷牙、洗臉、剪指甲、剪頭髮等活動。

✅ 拒絕使用膠水、手指畫、沙畫等美術活動。

觸覺防禦的孩子，需要家長尊重與同理其感受，不要覺得孩子是故意或是強迫孩子多執行就能改善。若有疑慮還是需要請職能治療師做全面的評估。

釣魚遊戲

適玩年齡：3 歲以上

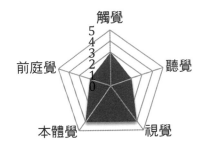

- ✓ 豐富手腕靈活度、操作工具能力
- ✓ 培養想像力

|||||||||||||||||||||||||||||||||||||||||||||||||||||||||||||||||||||||||||||||||||||||||

口訣 >> 我們來釣魚吧！準備各種假裝小魚的物品，還有釣竿，和孩子一起來玩釣魚遊戲吧！

準備物品 >>

- 橡皮筋（紗布巾、沐浴手套、塑膠圈圈）
- 軟膠吸管（木鏟、泡綿管、游泳浮條）
- 臉盆
- 小籃子

1 將橡皮筋放入裝水的臉盆中。若在浴缸,可以將紗布巾、沐浴手套、塑膠圈圈放在水面上當作小魚。
2 準備吸管或木鏟、泡綿管當釣竿。
3 請孩子坐在浴室地板,或坐在浴盆、浴缸中。
4 協助孩子用吸管或木鏟將水面上的橡皮筋釣起。
5 將釣起來的物品放在旁邊小籃子,遊戲結束時可以計算成果。

變化玩法 >>

- 調整魚的數量來增加難度,釣的魚越多,越花時間,越需要專注。
- 小魚的型態的不同,使用的釣具也不同。若使用橡皮筋,可以選擇用吸管嘗試撈起;若使用紗布巾,以泡綿管較好勾起;若使用塑膠圈圈,則可練習以木鏟瞄準中間的洞。
- 指定釣魚的目標和類型,如只能勾起紅色的塑膠圈圈或方方的紗布巾。

ⓘ 水中威統小叮嚀))

- 市售的釣魚玩具組,所附的釣竿都比較細小,孩子不容易操作。若改以直徑較粗的泡綿管來當作遊戲的工具,孩子可以使用雙手抓握並用以練習手眼協調與空間關係。
- 觸摸泡綿管也能提前適應不同材質的觸感,在學習游泳前可以認識這些物品,也提前習慣這些浮具的材質,避免排斥浮具。

❤ 啟蒙操作工具的能力，豐富手腕靈活度

操作不同類型的工具來撈取不同的物品，不僅訓練使用手指的動作型態，更需要靈活及穩定的手腕或是有更多的靈活度。

❤ 培養想像力，啟蒙認知概念

爸媽可以帶著孩子融入假扮遊戲的情境中，藉此豐富孩子玩假扮遊戲的經驗，配合孩子天馬行空的想像力，可以問孩子，除了魚之外，還釣起什麼呢？章魚還是螃蟹？並數數總共釣起幾隻？啟蒙數量的認知概念。

❤ 促進視動整合能力，培養手眼協調能力

釣魚的過程會在水面造成水流和波浪，被當作是小魚的各種物品，可能原地漂浮，也可能會移動方向。孩子需要用視覺判斷物體的距離與方向並結合手臂與手腕的動作，讓手中的工具順利釣起和撈起物品。

▶ 假扮遊戲。

職能治療師告訴你

孩子的「數量」發展和日常練習

　　「數量」發展是學齡前兒童重要的發展項目之一。根據台北市學齡前兒童發展檢核表，90% 的孩子可以：

4 歲	5 歲	6 歲
能一個一個點數到 5，過程中一邊唱數、一邊用手指點，手指動作與嘴巴能做一對一的配合。	能按照指令，在一排黑點中，一個一個圈起，圈到 7 個停下來。	能在隨意排列的多個黑點中，正確數出共有 13 個。

　　從上述可見，孩子在發展數量概念時，需要有唱數的基礎、手眼協調一個一個指、手口一致的一對一配合點數，接著是理解「總數」的概念。

　　日常中有許多練習數量的機會，透過與生活連結，並且提供許多實際動手操作的練習機會，孩子對於數量的掌握即可更加熟練唷！

✅ 吃飯時：請孩子幫忙擺放碗筷，先數一數有幾個人，拿好指定數量的碗，一一放在家人的座位上；飯後請孩子發給每人 3 個葡萄或番茄。

✅ 購物時：請孩子幫忙拿出指定數量的硬幣

✅ 玩家家酒時：準備小客人指定的糖果數量。

✅ 疊積木蓋大樓時：一起用手指點數蓋了幾層樓高的房子。

✅ 外出等待時：與孩子玩數手指頭的遊戲。

攻擊泡泡

適玩年齡：3 歲以上

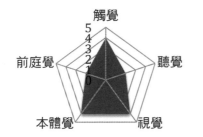

觸覺
5
4
3
2
1
0
前庭覺
聽覺
本體覺
視覺

☑ 挑戰本體覺運用能力

☑ 學習抑制衝動

☑ 培養思考與規劃能力

|||||||||||||||||||||||||||||||||||||||||||||||||||||||||||||||||||||||||||||||||||||||||

口訣 >> 牆壁上黏了好多泡泡，

讓我們用水球攻擊泡泡吧！

準備物品 >>

● 吹泡泡罐

● 水球

1 請孩子在浴室裡吹泡泡，並讓泡泡沾黏在牆壁或玻璃上。

2 爸媽引導孩子將氣球撐開在水龍頭下方裝水，開口不打結，製作一顆大水球。

3 引導孩子拿起水球後輕放水球的開口，利用水球噴出的水清除掉牆上所有的泡泡。

水中感統小叮嚀))

* 提醒孩子，水球內的水需要清除牆壁上所有的泡泡。要如何妥善運用水球的水，才可以將牆上的泡泡都清乾淨呢？

♥ 遊戲優點

♥ 學習力道拿捏，挑戰本體覺運用能力

無論在吹泡泡或是控制水球噴水時，都需要練習口腔或是手指的力道控制。本體覺不好的小孩，常常會過度用力來獲得感覺回饋，學習力道拿捏，讓孩子更能成熟處理本體覺訊息。

♥ 學習抑制衝動、培養思考能力

控制水球的水量時，練習如何不要一次將水噴完的過程，可讓孩子漸進式發展抑制衝動的能力；可幫助孩子更能表現出符合環境規範的行為，增加正向參與團體的經驗。此外，學習如何分配水量並思考清除泡泡的順序，也有助培養事前思考能力。

變化玩法 >>

- 開始時，可先將泡泡吹在同一面牆上，讓水球容易將泡泡沖掉；之後可將泡泡分散在浴室的四面牆上，增加孩子學習分配水量的難度。
- 選擇不同容量的水球，容量較小的水球需要噴水多次才能完成；容量較大的水球需要練習分配水量。
- 調整泡泡的位置高低，泡泡越高，孩子越需要抬高手臂。

 職能治療師告訴你

學習抑制衝動，練習踩煞車

「衝動控制能力」就像煞車系統，讓我們遇到突發狀況時，能適當地停下車子。

2 歲	3 歲
常有許多衝動的行為，與「大腦前額葉」尚未發展成熟，還無法抑制衝動行為有關。例如，常在有情緒或玩具被搶奪的情境時，出現反射性的打／咬人、無法等待、太興奮就推擠同儕等行為，都可能是衝動控制能力尚未成熟有關。	衝動控制逐漸發展穩定，能夠學習符合環境規範的方式，取代自我的衝動，如玩具被同儕搶走時，能用口語表達而不是將同儕推開。

針對衝動控制不好的孩子，事後處罰並不是有效率的方式，無論怎麼打罵孩子，下次還是有可能發生同樣的行為，因為孩子並沒有學習到如何控制煞車。

「事前引導」才是教導孩子學習衝動控制的最佳方式。在孩子出手之前，觀察孩子的需求，適當擋下孩子的不佳行為，同時引導孩子用口語表達需求；藉由不斷練習踩刹車的過程，孩子的衝動控制能力才會漸趨成熟。

水上芭蕾

適玩年齡：3 歲以上

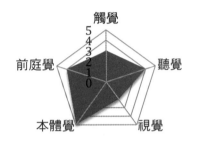

- ✅ 增加動作計畫能力
- ✅ 增加身體知覺的認識
- ✅ 提供前庭覺挑戰

|||||||||||||||||||||||||||||||||||||||||||||||||||||||||||||||||||||||||||||||||||||||||

口訣 >> 一起來跳水上芭蕾，
仔細聽聽要怎麼做動作喔！

舉起左手
抬起右腳

玩法步驟 >>

1　請孩子坐在浴缸內，水深約至孩子膝蓋。

2　請孩子跟著指令依序將四肢舉起，離開水面。可先從三步驟的指令開始動作，如「手、腳、手」，孩子需依序將「手、腳、手」舉起離開水面，並逐漸增加步驟指令，挑戰孩子的記憶力。

3　可嘗試身體各個部位，如：腳趾、小腿肚、膝蓋、大腿、屁股、肚臍、胸部、脖子、肩膀、手肘、下巴等。當指令為大腿時，孩子需要將兩手往後支撐才能將大腿離開水面；當要將屁股離開水面時，則需要翻過身面朝下才能將屁股離開水面。

變化玩法 >>

● 大班、國小以上的孩子，在給予指令時可開始嘗試加入左右側的概念來增加難度，如左手、右腳等。

● 若是孩子已經會閉氣，可以帶著孩子到泳池，聽著家長遊戲指令，閉氣潛在水中做出動作。

ⓘ 水中感統小叮嚀 ·)))

● 若孩子對於在水中移動身體感到非常緊張與害怕時，可先由爸媽陪同在浴缸內，並給予大量的肢體接觸，讓孩子先有安全感再引導他嘗試做動作，增加在水中的正向經驗。

● 水性好的孩子，在閉氣後可能會想嘗試頭下腳上的動作，記得提醒孩子鼻子吐氣或是捏住鼻子才不會嗆水喔！

♥ **提供本體覺輸入，增加對身體知覺的認識**

當利用手腳或是核心在支撐時，提供大量的本體覺輸入，更增加孩子身體基模的概念，幫助孩子接下來如何計劃身體各個部位要如何動作。

♥ **提升動作計畫能力**

遊戲過程需要孩子計畫如何在不失去平衡的原則下，將身體各個部位離開水面。對於動作計畫不佳的孩子，可能會出現易跌倒、不知道如何移動，甚至拒玩的情形，可適當提供孩子協助並鼓勵孩子嘗試。

♥ **身體姿勢改變，提供前庭覺刺激**

過程中姿勢的轉變可能會使前庭覺敏感的孩子感到緊張與焦慮，可適當的給予協助與鼓勵，讓孩子在浴缸或水池中也能嘗試各種不同的身體姿勢。

♥ **多步驟指令，挑戰注意力與記憶力**

多步驟的指令需要孩子聽覺注意力與短期記憶的能力，這同時也是未來參與團體課程的重要能力。爸媽可利用有趣的語調或是節奏起伏來吸引孩子專心聽。

搖啊搖，
搖到外婆橋

▶ 可利用有趣的語調或是節奏起伏來吸引孩子專心聽。

職能治療師告訴你

孩子的雙側協調發展

3 ～ 10 個月

嬰兒的雙手會呈現同步對稱的動作，如出現兩手一起往前伸出去拿玩具、同時吃兩手的動作。

9 ～ 10 個月

嬰幼兒則會開始出現兩手各拿一個玩具互敲的動作，這是一個非常重要的里程碑，代表孩子雙側操作技巧的發展。

10 個月之後

寶寶會開始出現兩側分化的動作，這時大腦對於動作發展的控制漸趨成熟，會漸漸出現一手固定，而另外一隻手操作的能力，如寶寶可一手抓著玩具車固定，另外一手開始摸或轉輪子，這就是最初期的兩手操作與協調的例子。以這為基礎，寶寶們開始要發展更複雜的雙側技巧。

1 歲半左右

兩手分工的操作方式越趨明顯，爸媽會發現在日常生活中，寶寶兩手分工的動作會越來越多，且開始發展慣用手（某側手當作操作手的頻率增加）。例如著色時，出現都是慣用右手或左手拿著筆畫畫，另一手則漸漸發展出固定的功能，如在畫畫時固定紙張。

2 歲半至 3 歲

隨著慣用手與雙側協調逐漸發展，孩子開始出現更高階的協調動作。例如在剪紙時，慣用手拿著剪刀操作外，另一手除了固定紙張，也可以開始微調紙張方向了。

雙側協調的能力會隨著年紀漸趨成熟，值得注意的是，若在發展的過程中，強制更改孩子的慣用手，除了影響雙側協調外，也會造成孩子的心理壓力、影響大腦發展。

地鼠撿果實

適玩年齡：3 歲以上

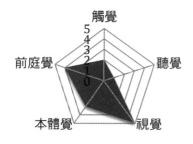

- ✅ 練習反應時間
- ✅ 專注外在環境
- ✅ 挑戰分散式注意力

||||||||||||||||||||||||||||||||||||||||||||||||||||||||||||||||||||||||||||||

口訣 >> 地鼠要撿果實並藏在牠的寶藏盆裡！
小心，不要被老鷹發現囉！

準備物品 >>

- 直徑大於 3 公分的石頭
- 彈珠或可沉入水中的玩具
- 短浮條
- 小臉盆

玩法步驟 >>

1 讓孩子坐在浴缸內，水深約在胸口處。準備小臉盆當寶藏箱，還有各種顏色的石頭或玩具當作果實，放在浴缸裡。

2 請讓孩子嘗試將頭低下，撿拾水中的玩具（果實）後，抬頭將玩具（果實）放在浴缸旁的小臉盆（寶藏箱）中。

3 確認孩子理解指令後，告訴孩子等下短浮條（老鷹）會飛過來搶走玩具（果實）；當短浮條（老鷹）飛過來時，要趕快低頭躲起來。

4 可先慢速口語提示，例如說：「老鷹來了，頭快低低，躲起來！」讓孩子觀察並理解當爸媽揮著浮條靠近時，需要低頭才不會被浮條擊中。

變化玩法 >>

- 對於反應時間較慢，或分散式注意力不好的孩子較困難，有些孩子可能會因此緊張焦慮，出現當機不動的行為，這時請放慢速度並給予步驟式的口語提醒。

- 可在浴缸底放止滑墊，避免孩子玩得太開心而滑倒。若家中沒有浴缸，可前往泳池玩，但在泳池臺階玩要注意跌落水中。

ⓘ 水中感統小叮嚀 •))

- 如果孩子閉氣能力穩定，可引導孩子躲進水裡。

- 對於反應速度夠快的孩子，浮條可規律性的左右擺動，讓孩子練習自己抓閉氣撿果實、離開水面放進寶藏箱的反應時間。

♥ 練習反應時間

反應時間意指大腦從接受訊息到肢體產出動作的時間，會因專注力、情緒等因素影響。日常生活中，反應時間短的孩子，更能勝任球類、跳繩等遊戲，甚至更能安全閃過環境中的突發刺激。

♥ 提供前庭覺輸入，增加警醒度

遊戲過程中，頭部姿勢不斷的改變所提供的前庭覺輸入，及刺激的遊戲方式，都是增加警醒度的方式。這時，爸媽會發現孩子的專注力也跟著提高，專心注意浮條的移動。

♥ 兼顧兩種任務，挑戰分散式注意力

這個遊戲需要孩子兼顧撿放果實與注意老鷹這兩項任務，可增強孩子的分散式注意力。分散式注意力佳的孩子，在日常生活中較不會顯得手忙腳亂，做事情也更有效率。

▶ 任務 1：撿放果實。

▶ 任務 2：注意老鷹。

多工的大腦──分散式注意力

　　注意力有分為持續性、選擇性、交替性、分散性注意力這四個類別，其中分散式注意力是指同時注意兩件以上的任務，是日常生活常見的情境，如煮飯時，需同時清洗蔬菜且注意鍋內烹煮的食材。

　　分散式注意力在學齡前階段仍屬持續發展中，過程常見的困難是孩子無法同時兼顧兩項以上的規則要求，如邊拍球邊數拍了幾下，孩子可能就會數得七零八落。這個遊戲孩子需要撿玩具放入臉盆內，又要試著不要被浮條揮到，就是練習分散式注意力的好方式。

　　以下是其他增進分散式注意力的小遊戲：

- ✅ 邊數拍子邊跳舞。

- ✅ 拍球時唱數拍了幾下。

- ✅ 疊高積木時數自己疊了幾個。

- ✅ 躲避球時要注意自己不能超過界線。

- ✅ 跳繩前進時，躲過障礙物。

　　分散式注意力是在四個注意力的類別中較困難的類別，如果孩子分散式注意力能力不佳，可用將難度降低、增加口語提醒的方式，來讓孩子慢慢學習，避免讓孩子在遊戲過程中太挫折喔！

小小搬運工

適玩年齡：3 歲以上

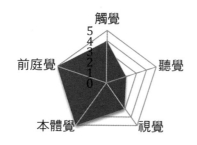

- ✅ 挑戰動作控制、動作計畫
- ✅ 學習合作技巧、觀察及溝通

|||||||||||||||||||||||||||||||||||||||||||||||||||||||||||||||||||||||||||||||

口訣 >> 我們一起合作，把水裡的石頭撿出來吧！
試試看除了用手，還可以怎麼撿呢？

準備物品 >>

● 水球（或沉水玩具）

玩法步驟 >>

1 和孩子一起坐在浴缸中，水深約在孩子胸口。將水球灌水當作石頭。

2 引導孩子檢視今日要清除的水球（石頭），告訴孩子，除了自己用手外，也可以和爸媽合作，嘗試用其他方式或其他部位移除石頭。

3 一起扮演搬運工，和孩子一人用一腳，合作用腳移除水球（石頭）；或用手肘移除水球（石頭）；或是一個人用手，一個人用腳。

4 請孩子嘗試利用身體各個部位，如膝蓋和手肘、下巴和手背、食指和掌心、小腿肚和肩膀等。

變化玩法 >>

- 如果孩子已經學會閉氣且穩定，可以嘗試玩需要頭部入水的方式，如耳朵與下巴等。

ⓘ 水中感統小叮嚀 ·))

- 因應孩子對於身體動作控制的穩定度增加，可選擇不同部位讓遊戲進行得更順暢，如選擇手或腳的指令就相對容易，但若選擇需要姿勢轉換較多的肚子或屁股等，則更需要挑戰孩子動作計畫與合作的技巧。

❤ 挑戰動作控制、動作計畫能力

挑戰孩子的動作控制能力，如何微調，避免大幅度的動作導致任務失敗？如何以安全的姿勢，運用身體各個部位？以幫助孩子善用動作計畫能力，更能完成日常生活中的動作挑戰。

❤ 學習合作技巧，讓孩子在團體中更能觀察、溝通

當題目是不同部位時，孩子必須表達自己的選擇，甚至需要妥協或輪流。遊戲過程中更挑戰孩子觀察與配合的能力，也需要彼此溝通，有助孩子習得參與團體的技巧。

 職能治療師告訴你

孩子大腦神奇的程式——動作計畫能力

　　孩子在執行動作前，會先思考該如何運用自己的肢體來完成目標。對於 6 ～ 7 個月才剛會匍匐前進的寶寶，有些會經歷一個不知道如何往前，反而倒退嚕的階段。寶寶會發現沒有辦法往前，就不能拿到自己想要的物品，經過不斷嘗試與修正後，學會如何運用肢體前進，這就是初期常見到寶寶在發展的動作計畫能力。

　　若是非常熟悉的動作，並不需要特別計畫該如何動作。10 ～ 12 個月的寶寶，往前爬已經非常流暢與協調，和剛開始練爬時期相比，爬行已不需經過思考與計畫就能執行。

　　當寶寶開始學習攀爬沙發時，可能不是先用雙手肘用力支撐讓自己往上、往前，而出現想先將腳跨上沙發的情況；此外，很多寶寶也可能不知道該如何爬下沙發，而常不小心摔下沙發。這些都是因為動作計畫的難度較高，需要寶寶先思考該如何動作。

　　一般未嘗試過的新動作，都會挑戰孩子的動作計畫能力。若在初期嘗試時，就被告知每一步驟，就減少了自己思考的過程。因此爸媽需要記得先等等孩子！讓孩子自己嘗試錯誤與失敗，才能激發出自己思考與計畫的過程，增加動作計畫能力喔！

北極熊回家

適玩年齡：3 歲以上

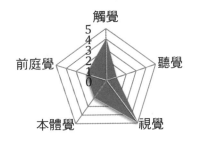

觸覺
5
4
3
2
1
0
前庭覺
聽覺
本體覺
視覺

✅ 增進手腕控制、手弓發展

✅ 限時遊戲，挑戰專注力

||||||||||||||||||||||||||||||||||||||||||||||||||||||||||||||||||||||||||||||||||||||||||

口訣 >> 北極熊不喜歡待在炎熱的地方，
快幫北極熊回到冰涼的家吧！

準備物品 >>

● 冰塊　● 小臉盆

● 澡盆　● 小鋼杯

● 湯匙

1 放 5 個冰塊在澡盆內扮演北極熊,小臉盆當船,鋼杯當北極熊的家。

2 請孩子先利用湯匙,將冰塊撈到小臉盆內,跟孩子說:「快點讓北極熊上船,等全部的北極熊都上船後,就可以開船載北極熊回家囉!」

3 引導孩子將手弓拱起,撈取水及冰塊,再放入鋼杯中,跟孩子說:「要給北極熊一點水,在船上時牠才不會口渴喔!」

4 最後說「數數看,最後有幾隻北極熊成功回到家呢?」引導孩子數一數尚未融化的冰塊有幾個?

変化玩法 >>

- 可根據孩子手腕控制的能力,選擇不同大小的湯匙調整,越小的湯匙越挑戰孩子手眼協調與手腕控制。

- 放多一點冰塊,或體積小一點的冰塊,都可以考驗孩子限時完成事情的效率。

♥ 遊戲優點

♥ **增進手腕控制與手弓的發展**

使用湯匙撈取的過程挑戰孩子手腕的控制能力,而撈冰塊與水時,若孩子沒有做出手弓拱起的動作,則無法有效率的將水與冰塊放入鋼杯。練習手弓的動作,幫助孩子掌內肌的運用,更有助於精細動作發展。

♥ **限時遊戲,讓孩子更專心、更有效率**

習慣專心且有效率地玩遊戲,不僅是大腦學習專心的經驗過程,更是培養孩子專注力的最好方式。若孩子老是拖拖拉拉,適切的限時挑戰遊戲,可以讓孩子更專心。

手弓發展的重要

手弓動作約在 3 ～ 4 歲時發展，當孩子可以協調的運用掌內小肌肉時，才能做出手弓拱起的動作。3 歲前的操作經驗，無論是簡單拿取各類不同形狀的玩具、捏取小物，或進階到組合積木、使用各種工具等，都是幫助孩子學習運用小肌肉、發展手弓動作，增加整體精細操作的效率與品質的方式。

手弓的發展是學齡前孩子精細動作發展的重要指標，成熟的手弓發展讓運筆更有效率，進而幫助學齡孩子勝任小學的書寫作業。

除了撈水動作外，以下活動都是增加手弓發展的遊戲：

✅ 拿取掌心大小差不多的球。

✅ 雙手指腹互碰，做出圓球體的動作。

✅ 手弓拱起捧小豆豆或沙子等小物。

✅ 拿圓杯蓋球，鼓勵孩子用指腹抓住杯子，做出手弓拱起的動作。

✅ 將骰子放在兩手之間，讓孩子拱起雙手手弓，嘗試搖骰子動作。

手弓動作尚未發展成熟時，進行難度過高的活動，或重複要求的動作指令，會讓孩子感到挫折而拒絕嘗試。因此挑選適當的遊戲在過程中漸進的自然發展有效率使用手弓拱起動作來操作，才是最有效的學習方式。

▶▶ 原來不只游泳！
24 個水、泳池遊戲，讓孩子在啟蒙游泳能力之外，
更能加強動作、平衡、感覺統合能力、親子互動。

透過浮具和遊戲的結合、泳池環境的探索，還有和爸媽
的互動遊戲，讓孩子在水裡也能玩中學。在安全的守護
下，讓孩子得到更多的挑戰和身心發展。

水・泳池
水中感統遊戲

漂浮魔毯

適玩年齡：3 個月以上

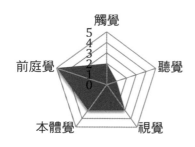

- ✅ 整合前庭覺與姿勢反應，維持平衡
- ✅ 感受觸覺刺激，增加親水感

||||||||||||||||||||||||||||||||||||||||||||||||||||||||||||||||||||||||||

口訣 >> 躺好囉！我們要漂浮囉！

　　　　可以搭配兒歌「小星星」一起玩。

準備物品 >>

- 大巧拼墊或大浮板

　（約 1mx1m，可以組裝多個巧拼墊）

- 小鏡子
- 玩具或洗澡書

★ 確認巧拼組裝是否緊密。可使用
兩層巧拼墊增加浮力與安全。

玩法步驟 >>

1 將大型巧拼墊（大浮板）放在水面上。
2 爸媽站在水裡抱著寶寶，協助寶寶躺在大巧拼墊上。
3 讓寶寶趴、躺、坐在大巧拼墊上，隨著水波漂浮移動。
4 配合歌曲引導寶寶觀察爸媽、天花板，墊子上的小鏡子或玩具。
5 可以讓寶寶維持姿勢或轉換不同姿勢，或者自由活動肢體。

變化玩法 >>

- 巧拼越大、越厚，浮力越大，越容易保持平穩的姿勢；巧拼越小、越薄，浮力越小，越不容易維持平衡、易進水，孩子的頭髮和耳朵等部位較容易接觸到水，獲得較多的觸覺刺激。
- 爸媽可以推著巧拼在水中移動，並調整移動或搖晃的速度，速度越慢，寶寶越容易維持姿勢。

4～6個月大	7～8個月大	1歲以上
可嘗試趴姿，並練習用雙手撐起。	可坐在浮板上，練習姿勢平衡。	可以嘗試各種姿勢。

水中感統小叮嚀 •))

- 若想要安撫或讓寶寶適應活動，除了擁抱外，也可考慮慢速的漂浮魔毯遊戲，移動浮板時建議先採單一方向。

♥ **整合前庭覺及姿勢反應，維持身體平衡**

水流讓漂浮的巧拼（大浮板）輕微擺動，當搖晃幅度增加時，寶寶會感受到頭部和身體位置改變，大腦則會做出最適當的動作反應，如做出穩定的趴姿或坐姿以控制好身體的平衡。

♥ **感受水流的觸覺刺激，適應並增加親水性**

躺著或坐著的寶寶因為水流碰觸到背部、頭部、雙腳等皮膚，有相當多的觸覺刺激；因為水的觸感持續存在，寶寶可以學習適應以習慣洗澡的水流。

♥ **放鬆、安定寶寶的情緒**

漂浮帶來規律和緩的前庭覺刺激，能夠促進大腦活動平穩，讓寶寶維持在一個放鬆、安定的狀態，如同搖籃般，多數的寶寶喜歡水中緩慢的移動，有的甚至安心的瞇起眼睛了呢！

 職能治療師告訴你

水中遊戲與寶寶開心共游

因為寶寶全身力氣與控制還不夠成熟，在陸地上受到地心引力的影響較大常常東倒西歪，也使家長會擔心寶寶活動是否會受傷；在水中則沒有上述的問題，是非常適合爸媽帶著寶寶活動的環境，因為水的包覆與浮力可以減輕寶寶的體重，大幅度支撐寶寶。

例如在水中仰躺時，只要支撐寶寶的頸部和上背部，就可以練習踢腿；抱著坐時，只要支撐臀部和胸口，就可以練習身體控制、不會快速的倒下；抱著前趴游動時，就可專注在將上半身挺起來觀察環境。

家長的姿勢可以蹲低，讓水位接近肩膀的位置，即可透過浮力的協助，較無負重感的抱著寶寶練習各種水中感統遊戲或動作。家長也要記得隨時注意自己的姿勢，儘量採取深蹲不要彎腰，以免腰酸背痛。

漂漂搖籃

適玩年齡：4 個月以上

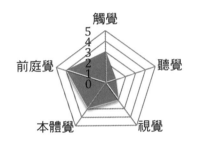

觸覺
5
4
3
2
1
0
前庭覺　　　　　　聽覺
本體覺　　　　　視覺

✓ 緩和彼此的情緒

✓ 增加安全感

口訣 >> 搖啊搖，搖到外婆橋。

搖啊搖，
搖到外婆橋

玩法步驟 >>

1 媽媽將寶寶環抱在胸口（像在子宮裡的包覆感）。
2 隨著媽媽唱歌的旋律，環抱寶寶的手慢慢的左右搖晃。
3 重複步驟 **2**，動作改成前後輕輕搖晃或是轉圈圈。

變化玩法 >>

- 先原地輕輕左右搖晃,幅度約與爸媽的肩膀同寬,再慢慢增加至左右轉身 90 度搖晃,最後再輕輕轉身 180 度搖晃。
- 先緩慢的搖晃讓孩子適應,隨著年齡增加,可以加快唱歌節奏及左右、前後搖晃的速度。

① 水中感統小叮嚀 •))

- 爸媽可以依寶寶脖子的穩定度,協助托著寶寶的下巴或是支撐枕骨(後腦)以保持頭部穩定。

- 過程中要仔細觀察寶寶對搖晃和速度變化的反應是開心、冷靜還是抗拒,依照其反應調整搖晃幅度及速度或適時休息。寶寶若是抗拒就要放慢速度或停止,若是開心則可以增加速度和幅度。

♥ 遊戲優點

♥ **規律的前庭覺刺激,緩和寶寶和爸媽的緊張情緒**

在水中規律與緩慢搖晃的前庭覺刺激,可活化副交感神經讓生理系統平穩冷靜。有如利用搖籃哄睡的安撫效果,讓寶寶感到放鬆,除有助開始水中遊戲外,也讓爸媽放慢節奏、調整情緒,重新感受寶寶的需求、耐心等待寶寶情緒逐漸穩定。

♥ **與爸媽的肌膚接觸,增加寶寶的安全感**

寶寶在水中因為爸媽的環抱有大面積的肌膚接觸(背部和肢體),這種擁抱的觸覺刺激和互動,有助安全感,可讓寶寶放鬆且安心地嘗試新挑戰。

職能治療師告訴你

理解寶寶遇到了難關，接受卡住的樣子！

　　寶寶與家長的關係就如同隊友。寶寶越小，自我調節能力尚未成熟，雙向影響更是明顯，在探討寶寶的情緒時，家長本身同時需重視自我的情緒狀態。寶寶會感受到家長的焦慮，當家長的情緒不穩定，常無法讓寶寶情緒也恢復冷靜。

　　家長的焦慮常因為不理解寶寶哭泣的原因，或是怕影響別人，希望寶寶立刻停止哭泣。但有時家長並未注意到自己的情緒狀態也會影響寶寶。

　　理解寶寶遇到了難關，接受寶寶卡住的樣子，不要急著改變他現在的情緒狀況。稍微忽略路人們的眼光，專注在寶寶身上，等待他情緒緩和，適當的給予安撫，就是接住寶寶情緒的最好方法！先檢視自己的狀況，在寶寶哭鬧時注意自己是否也開始焦躁不安、提高了音量，或講話速度變快。

　　不斷地檢視自己的狀態，才能好好理解自己的情緒，進而給予寶寶正向的情緒。

搭小船

適玩年齡：5 個月以上

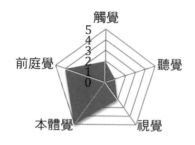

- ✔ 適應浮力、整合前庭覺
- ✔ 豐富觸覺經驗

口訣 >> 我們一起搭小船去探險吧！

這邊划划、那邊划划。由爸媽協助寶寶搭著浮條
做成的船，在泳池之間到處探索與漂浮。

準備物品 >>

- 1～2 根短浮條（長浮條）
- 漂浮玩具

玩法步驟 >>

1 準備 2 根浮條，2 條浮條前端以繩子或綁帶固定。

2 將浮條放到寶寶雙臂下方（腋下），並協助寶寶以雙臂夾好二側浮條（如左頁圖所示）。

3 先帶著寶寶在原地漂浮，感受浮力。

4 再帶著寶寶一邊漂浮、一邊在泳池移動、探索環境。

變化玩法 >>

● 初次遊戲，先在原地感受與適應浮力，待寶寶適應後，爸媽再帶著浮條和寶寶移動，過程中寶寶也需要適應姿勢的改變。2.5 歲以上有經驗的孩子，可以嘗試自己抱著浮條踢水前進抓漂浮玩具。

● 建議先從兩條相同長度的浮條開始嘗試，長短皆可。浮條越長、浮力越大，越容易漂浮；浮條較短、浮力較小，需費力維持姿勢平衡。

ⓘ 水中感統小叮嚀 ·))

● 初次練習一定要協助固定浮條，待孩子約 1 歲以上，習慣自己抓著或可以獨立抱住浮條後，再視情形減少爸媽對於浮條的協助；過程中爸媽的視線不能離開寶寶。

▶ 協助固定浮條。

155

❤ 適應浮力、整合前庭覺，練習維持身體平衡

浮力不斷改變寶寶的重心感受，需整合前庭覺與本體覺回饋，才能做出最合適的姿勢反應，例如：如何移動身體重心、控制手臂或雙腳方向才能維持穩定。

❤ 感受不同材質的觸感，豐富觸覺經驗

有別於爸媽手臂和水流的觸感，浮條會有泡棉的粗糙感，同時有多種觸覺刺激，寶寶需要一些時間感受、適應；可豐富寶寶的觸覺經驗，類化至生活中，需要接觸不同材質而不感到嫌惡。

❤ 豐富身體活動量、練習運用核心肌肉

對抗、適應水的浮力，練習穩定身體重心，學習不受到水流干擾，嘗試穩定自己的姿勢平衡。

 職能治療師告訴你

把活動拆解成小步驟，幫助寶寶更能參與

從被家長抱著進階到在水中倚靠浮條小船支撐，個性較謹慎的寶寶，可能會因緊張而抗拒。這時，家長可嘗試將浮條遊戲拆解成小步驟，例如：

- 先推著浮條小船載動物出發、讓寶寶沖洗小船等讓寶寶先認識浮條小船。

- 接著到家長抱著寶寶搭小船，讓寶寶在有安全感下慢慢接受小船，再嘗試把玩具放在小船前方，讓寶寶在摸索玩具時，身體重心往前，就更容易讓寶寶整個人都在小船上方了喔！

除了搭浮條小船遊戲外，其實在日常生活中也可利用將遊戲拆解成小步驟的方式，漸進讓寶寶嘗試，避免直接要求而忽略寶寶的意願，更能增加親子活動時的親密回憶。

穿越彩虹

適玩年齡：5 個月以上

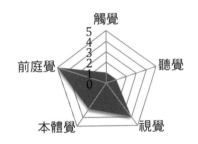

觸覺
聽覺
視覺
本體覺
前庭覺
5 4 3 2 1 0

✅ 適應各種姿勢改變

✅ 培養親水性，降低敏感度

||||||||||||||||||||||||||||||||||||||||||||||||||||||||||||||||||||||||||||||||||

口訣 >> 我們一起穿越彩虹吧！

把浮條變成水面的彩虹，帶著寶寶一起先從躺姿開始，

準備好了沒？1、2、3 go！

準備物品 >>

● 長浮條 1～2 根（不同色）

● 漂浮玩具

157

1 準備 1～2 根長浮條，兩端使用魔鬼氈或黏扣帶固定。

2 媽媽抓著浮條的一端，另一端依靠在泳池邊緣，抓握使浮條彎曲，固定成彩虹般的弧形拱橋。

3 讓寶寶以躺姿抱躺在爸爸的胸口，並沿著水面抱著寶寶一起穿越彩虹。

變化玩法 >>

- 選擇固定姿勢或轉換姿勢。剛開始先固定同一個姿勢進行，如躺姿，適應有別於在陸地上的姿勢。等待寶寶開始會翻身、脖子控制得比較好時，才在活動中改變不同姿勢進行。

- 隨著寶寶年齡發展，可以選擇不同的姿勢，帶著寶寶來回穿過彩虹。

5 個月以下	5 個月以上	1 歲以上
先從躺姿開始，觀察視線內的彩虹。	可以選擇趴姿，讓寶寶抓取前方的玩具。	可以練習趴、躺、側躺等各種姿勢穿越浮條，找到前方的漂浮玩具。

ⓘ 水中感統小叮嚀 »)

- 優先考量寶寶脖子抬高程度，如果脖子力氣足夠，再選擇側躺、趴姿等。若寶寶年齡太小、脖子抬高支撐還不夠穩定，爸媽可以先選擇用手掌協助支撐寶寶的脖子和上背，讓寶寶躺姿漂浮前進。

♥ 整合前庭覺回饋，適應各種姿勢改變

水中練習躺姿的漂浮與移動，因為頭部姿勢的改變，會帶來大幅度的前庭覺刺激與回饋。寶寶需要感受、適應姿勢變化，習慣躺姿而做出更多的動作，享受漂浮遊戲與淋水的樂趣。

♥ 利用躺姿讓頭部、背側適應水的觸感，降低敏感度

躺姿漂浮讓寶寶有如在洗澡時的情境，背部、頭髮、耳朵會大量接觸到水，需要花時間感受、接受並適應這種持續存在的觸感，或是改變姿勢來短暫遠離這樣的感覺；透過遊戲，可讓不同感覺閾值的寶寶適應或降低敏感度。

▶ 若寶寶年齡小，可用手掌協助支撐讓寶寶躺姿漂浮前進。

159

職能治療師告訴你

如何在水中協助寶寶仰躺？

當寶寶 6 個月，清醒時偏好頭部直立的姿勢，並逐漸發展翻身、坐、爬等大動作時，會慢慢習慣重力的影響，在水上仰漂時會感受到與陸地上不同的重力，同時因為頭部姿勢改變讓寶寶感到緊張。此外，仰躺只看得到天花板，失去對空間距離遠近的判斷，也可能讓寶寶肌肉緊繃，產生排斥。

仰漂是培養親子關係、練習姿勢變化的水中感統活動之一。尊重寶寶的意願，營造放鬆、信任的環境後，就能讓寶寶成功的適應仰漂。

- ✅ 避免快速讓寶寶往後躺。快速的姿勢改變，容易讓寶寶感受到危險，脖子與全身會反射性的出力、想要坐起。

- ✅ 可先從躺在爸媽身上開始練習，避免一開始躺的角度過度傾斜，當寶寶真的放鬆後，再慢慢增加仰躺角度。

- ✅ 抱著並輕柔地唱歌給寶寶聽，讓他在較有安全感的情境下，慢慢放鬆。

- ✅ 可利用寶寶感興趣的鏡子、玩具等，吸引他躺在爸媽的身上玩。

- ✅ 先從短暫的體驗開始，不強迫寶寶，需要時間去感受與練習。

- ✅ 當寶寶想要起身時，尊重他的意願，心情放鬆才有可能成功。

搶救小海龜

適玩年齡：5 個月以上

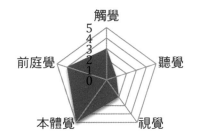

- ✓ 提供前庭覺刺激
- ✓ 練習姿勢轉換的平衡感
- ✓ 整合本體覺回饋

||||||||||||||||||||||||||||||||||||||||||||||||||||||||||||||||||||||||

口訣 >> 「小海龜游啊游……」

寶寶用手臂撐住身體，挺起身體與脖子，

就像海龜一樣趴在沙灘上吧！

準備物品 >>

● 泳池斜坡（階梯平台）

1 爸媽在水中用雙手抱著寶寶腋下，讓寶寶呈趴姿或躺姿，以上下或前後方向，輕輕地搖擺寶寶。

2 協助寶寶以趴姿和爸媽一起向前移動至岸邊（斜坡與水面的交界）。

3 讓寶寶在斜坡用雙臂撐起身體，挺直看向前方，就像小海龜上岸。

4 家長再扶著寶寶腋下，向後轉成仰躺退回到水中，把小海龜救回海裡。

5 重複 3 ～ 5 次，讓寶寶練習在斜坡用雙手撐住，穩定身體平衡。

♥ 遊戲優點

♥ 提供前庭覺刺激，練習姿勢轉換的平衡感

趴或仰躺間的姿勢轉換、頭和身體位置的改變，需要整合前庭覺資訊、做出相對應的動作，以順利維持姿勢平衡及發展轉換姿勢的能力。爸媽移動時所產生的水波，是一個持續且動態的過程，每一次調整姿勢都是一個學習，累積經驗後，寶寶在面對外力影響時就更能做出適當的反應。

♥ 整合本體覺以控制四肢完成姿勢穩定或變換姿勢

接觸斜坡與身體離開水面時，會帶來強烈的本體覺回饋，讓寶寶知道需要控制四肢來維持自己身體的穩定（上岸後浮力會消失，取而代之的是地心引力），同時避免吃到水。

♥ 增進核心與背部肌群運用，發展趴姿撐起與爬行

趴在斜坡的過程，水流的推力與拖曳力可能會改變寶寶的身體中線，當前庭接受器感知到頭部位置的改變，就會啟動姿勢調整的動作反應。寶寶需要使用背部與核心肌肉來穩定自己，才能不被水流或重力干擾。嘗試趴姿撐起的動作，則可類化到爬行時身體離地的能力。

變化玩法 >>

- 隨著寶寶年齡增長，上岸的姿勢可由趴姿至坐姿或站姿。

- 開始時先由爸媽將寶寶抱回到水中，待 8 ～ 9 個月會姿勢轉換後，再讓寶寶自己轉身回至水中。

職能治療師告訴你

本體覺遊戲幫助寶寶運用身體

在水中活動時，寶寶的眼睛時常無法直接看到自己肢體的動作；少了視覺輔助，更考驗本體覺處理的能力。舉例來說，在陸地上可以輕鬆做出手伸直或腳伸直等動作，但在漂浮和前游的姿勢下，若聽到將腳伸直的指令，仍有些寶寶會將腳彎彎，除了緊張或不熟悉外，更有可能因為看不到自己的肢體，再加上水的各種特性干擾了本體覺。

本體覺可幫助孩子提升察覺自己肢體動作，進一步幫助其發展動作計畫能力。因此在初期發展時，要足夠認識自己肢體，才能有效的運用肢體，近一步達成目標任務和快樂的享受水中感統遊戲。

雲霄飛車

適玩年齡：7 個月以上

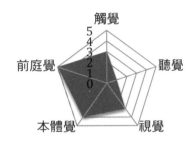

- ✅ 適應姿勢變化
- ✅ 透過水花降低觸覺敏感

口訣 >> 雲霄飛車飛好高，要下墜了，咻～好快啊

玩法步驟 >>

1 爸媽用雙手托著寶寶腋下，將他抱起坐在泳池岸邊。
2 接著用雙手托著寶寶的腋下，使孩子身體前傾、準備跳水。
3 爸媽說著口令「預備1、2、3」，等寶寶準備好，抱著寶寶向前落水，先讓孩子的肩膀泡到水面就好。
4 濺起一點水花後，帶著孩子俯趴向前探索泳池，再將孩子抱起來，並給予大大的鼓勵，準備下一次的跳水。

變化玩法 >>

● 先以慢速跳水、入水、前游，等寶寶適應後再增加速度。
● 1歲以上的孩子可調整飛高的幅度，泳池岸邊和水面高度落差越大，視覺及墜落時前庭的感覺刺激就越豐富。

ⓘ 水中感統小叮嚀))))

● 當寶寶變換姿勢，容易因為抵抗或是情緒而身體往後仰。開始時，宜慢速引導、緩和其情緒，以免速度過快，造成驚嚇反射或抗拒。此外，可使寶寶的身體稍微向前傾，以避免離岸的瞬間頭和身體往後仰，撞到後腦受傷。

● 1歲以下的寶寶在落水過程中不要有太快、搖晃、重複太多次等動作，也不可太過興奮地在水中拋接，避免造成嬰兒搖晃症候群。

♥ 整合前庭及本體覺，應對快速的姿勢變化

入水的瞬間需要運用本體覺，從坐姿變成趴姿並改變頸部的角度變成抬頭，可訓練寶寶對於身體控制的反應速度，讓動作更靈敏。

♥ 透過水花降低觸覺敏感，讓寶寶適應洗頭、洗臉

臉部的觸覺較其他身體部位敏感，所以寶寶才會特別不喜歡洗頭洗臉；透過遊戲讓寶寶在玩樂的情境下習慣水花濺在臉上的感覺，再結合嚕啦啦遊戲裡的淋水，洗頭洗臉就不再是一件難事囉！

職能治療師告訴你

害怕在水中踩不到地，是前庭覺敏感？

前庭覺與姿勢平衡、姿勢轉換的能力有關。前庭覺敏感的孩子對於感覺輸入常過度反應，因此容易排斥有速度感或改變身體姿勢的遊戲，常拒絕玩溜滑梯、盪鞦韆，甚至對腳離地的動作產生恐懼，導致跳躍動作發展慢、害怕下樓梯、攀爬、游泳等。

當孩子無法完成姿勢轉換動作時，爸媽需要停下來觀察：是否緊張害怕而不願意執行？並給予較多的肢體協助，讓孩子慢慢接受浮力與姿勢轉換的影響，進而願意嘗試各式活動、增進前庭覺調節能力。

相反的，當孩子呈現前庭覺「過度不敏感」時，可能就會出現平衡不好、追求強烈刺激等行為，如非常喜愛從高處跳下，或是一直轉圈圈。早期的前庭覺經驗有助於孩子順利發展姿勢平衡與感覺統合能力，透過鼓勵、支持與練習簡單的前庭覺活動仍無法改善時，可諮詢職能治療師。

島上探索

適玩年齡：8 個月以上

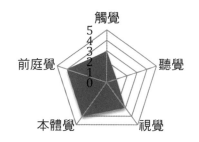

- ✅ 整合感覺刺激、增進平衡
- ✅ 促進爬行能力

|||||||||||||||||||||||||||||||||||||||||||||||||||||||||||||||||||

口訣 >> 哇！前面有一個小島！我們要爬上去囉！
爸媽協助寶寶在水面漂浮的大浮板上移動，
如爬行、翻身、攀爬、後退等。

準備物品 >>

- 大浮板（組合 6 ～ 12 片巧拼墊）
- 洗澡玩具

★ 安全確認：
巧拼組裝是否緊密。

★ 可堆疊兩層巧拼墊增加浮力。

1 準備一個大浮板（或組裝巧拼墊）。

2 爸媽抱著寶寶在水中游動並靠近大浮板，協助寶寶以雙手觸摸大
浮板，以適應泡棉的觸感。

3 協助寶寶爬上去，並在大浮板上向前爬行，或各種姿勢移動，如
後退、亂爬、翻身等。

變化玩法 >>

- 選擇不同厚度的泡棉墊或巧拼，會影響寶寶攀爬的表現剛開始時
宜選擇較厚、浮力大，平穩且容易支撐寶寶體重的；較薄的，浮
力小，移動也會比較困難。

- 可調整寶寶開始爬行的姿勢，支撐面積越少越困難。如先全身趴
在浮板上，再嘗試半身趴在浮板上。

♥ 遊戲優點

♥ 整合前庭與本體覺刺激，增進身體平衡能力

受到浮力與水流的影響，浮板是不穩定和漂浮移動的。在浮板
上爬行，會因為反作用力的關係，讓浮板晃動；在不平穩的平
面爬行，需要適應水平和垂直方向的干擾，並整合本體覺的動
作反應，嘗試維持身體的平穩。

♥ 增加爬行能力及身體姿勢的應變能力

在浮板上挺直身體、爬行或移動都相當費力，需要身體重心及
背部肌肉的穩定；過程需運用核心、背部及肢體肌肉，有助提
高寶寶的身體活動量及面對各種姿勢變化時維持平衡感的能力。

♥ 增進孩子對於環境的探索與感官經驗

寶寶在水中無法獨立行動，需要家長抱著移動，因此在大浮板
上有獨立爬行的機會時，會好奇地想要瞭解並探索環境；爬行
過程也伴隨著接觸浮板材質、水滴的觸感以及平衡相關的前庭
和本體感。

 職能治療師告訴你

水中感統遊戲好處多，玩多久才恰恰好？

兒童發展學家普遍認為，寶寶的發展需要各種活動的探索與體驗，搭配適當的飲食與睡眠，即感官接觸的經驗越多，對大腦神經元的發展越有幫助。實驗中發現，一隻在豐富遊戲環境的老鼠，相較於空無一物的老鼠，大腦使用程度發達許多。

每個人在水中的活動時間，會因為各種原因有個別化的差異，可視下列的情況調整。

✅ **年齡：**
6 ～ 7 個月以下的寶寶，建議最多 30 分鐘；8 個月起的寶寶可以 30 ～ 40 分鐘；更大的孩子可以玩到 1 個小時。

✅ **水溫：**
若遊戲空間的水溫在 30 ～ 32˚C，建議最多 20 分鐘，有穿防寒衣可到 25 ～ 30 分鐘；若水溫 32 ～ 35˚C，可以活動 30 ～ 40 分鐘以上；若水溫超過 35˚C，可能玩 15 分鐘就太熱不舒服了。

✅ **睡眠：**
若是睡飽、休息足夠的寶寶，每次可以有 30 分鐘的活動量；若沒有睡好、身體不舒服的寶寶，時間太久反而是一種負擔。

✅ **情緒：**
情緒平穩的寶寶，活動時間可以較久。若因為很多狀況，一直哭鬧、情緒「灰灰」，就需要安撫情緒，待穩定後才適合下水玩。

✅ **飲食：**
吃飽後 1 小時再開始玩水，就不會肚子餓一直哭，或是因為吐奶而中斷活動。

旋轉煙火

適玩年齡：8 個月以上

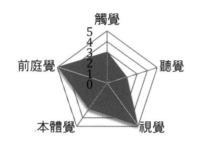

✅ **增加孩子的警醒度、主動性**

||||||||||||||||||||||||||||||||||||||||||||||||||||||||||||||||||||||||||||||||||||||||||||||||||||||

口訣 >> 哇！天空中璀璨的煙火真迷人。

我們一起來放煙火吧！

準備物品 >>

• 杯底有洞的塑膠杯

• 大象／造型花灑

玩法步驟 ≫

1 爸媽一手環抱著孩子，一手示範將裝水的杯子拿高，等花灑的水流完。
2 抱著孩子蹲下泡在水中，帶著孩子的手裝水，拿好裝水的杯子，起身讓杯子中的水流出。
3 再一起蹲下裝水、拿好杯子，爸媽抱起孩子起身離開水面，一起轉圈製造漂亮的煙火水花。

變化玩法 ≫

- 杯子底部的洞越多，水花越多，視覺及聽覺刺激越豐富。杯子越大裝越多水就越重，可增進抓握及手臂肌力。
- 在家裡也可以玩喔！
  浴室版本：
  1 爸媽一手環抱著孩子，一手示範將裝水的杯子拿高，讓水如花灑般流出。
  2 帶著孩子的手拿杯子去裝洗手台的水，一起把水倒出。
  3 再一次裝水，爸媽抱著孩子站穩後，旋轉上半身（腳不移動），一起製造漂亮的轉水花。

ⓘ 水中感統小叮嚀 🔊

- 可觀察孩子對搖晃和速度變化的反應來調整旋轉飛的高度或速度。若孩子喜歡就再飛高一點點或是速度加快一點；若有些抗拒或害怕，就飛低一點、速度慢一點。

♥ 增加孩子的警醒度、主動性

當孩子懶洋洋時，飛起來轉個圈醒醒腦吧！警醒度（Arousal level）為腦部神經系統的警覺狀態，影響我們感受外界環境、適當反應的速度及效率。警醒度低的孩子會呈現懶洋洋、動作與反應慢的狀態，可透過大幅度的前庭覺活動，如轉圈圈或前後擺動及溫度覺變化活動，如從水裡抱起來等，提供適切的感覺經驗，協助孩子的警醒度調節更清醒。

 職能治療師告訴你

為什麼轉圈圈會頭暈？

轉完圈後感覺看到的東西會轉動？玩旋轉咖啡杯讓人不只覺得頭暈眼花，甚至想吐？其實這都與腦部對前庭感覺的調節與處理有關。

旋轉時，人內耳裡的三半規管會不斷被刺激，傳送訊息到腦部的前庭核；前庭核與眼球動作控制也有所連結，當旋轉一段時間並停下後，我們的眼球仍然會持續左右移動一小段時間，導致我們看到的世界仍然繼續轉動。當前庭刺激大過於腦部可以整合的量時，腦幹的消化中心也會受到影響，就會讓人感覺頭暈眼花，甚至想吐。

因此，儘管旋轉遊戲受到大部分孩子的喜愛，但仍要特別注意孩子的臉部表情及意願。當孩子旋轉 1～2 圈就顯得不舒服，可能代表孩子的前庭系統耐受度較低；但若轉了十幾二十圈仍嚷著還要玩，則意味著孩子的腦部前庭系統沒有接收到全部來自內耳的訊息，這些都是要特別留意的感覺統合失調徵兆唷！

呼拉圈站立

適玩年齡：9 個月以上

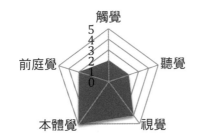

觸覺
聽覺
前庭覺
5 4 3 2 1 0
本體覺
視覺

☑ 建立早期站姿的成功經驗
☑ 練習姿勢控制的穩定

口訣 >> 來抓甜甜圈囉！呼拉圈有各種大小或顏色，
就像甜甜圈浮在水面，可抓或拉，讓呼拉圈變成
遊戲的輔助，讓寶寶在水中扶著練習站。

準備物品 >>

● 呼拉圈（中型或大型，
可漂浮的塑膠製款式）

● 臺階

● 塑膠小球

來抓甜甜圈囉！

173

1 將呼拉圈放在水面。

2 媽媽協助寶寶站在水中的臺階,或踩在爸爸的大腿上。

3 媽媽一手固定呼拉圈,一手引導寶寶用雙手抓著呼拉圈,爸爸輕輕扶著寶寶的身體協助站立。

4 讓寶寶扶著呼拉圈在水中站穩,不被水流干擾而跌倒。

變化玩法 >>

- 寶寶站得穩後,可以在呼拉圈裡放塑膠小球,請寶寶單手扶著呼拉圈,另一隻手嘗試抓小球。

- 2 歲以上可以練習抓穩呼拉圈(像握著方向盤),由爸媽拉著呼拉圈,帶著孩子在水中移動,挑戰孩子的手臂力氣與攀附能力。

- 由爸媽帶著寶寶一起握著呼拉圈,跟著歌曲或節拍,用呼拉圈拍出水花。

ⓘ 水中感統小叮嚀 ·))

- 寶寶身體的脂肪含量高,容易受到浮力的幫助,很適合讓爸媽在水中帶著寶寶練習在陸地上還做不好的動作,與更多肢體探索的遊戲。

♥ 增加雙腳站立練習、啟蒙早期站姿的成功經驗

因為水中浮力會減輕寶寶的體重,雙腳站立也不用這麼費力;
也因為水的包覆特性,讓寶寶彷彿有無形的支撐;並且能夠扶
著呼拉圈,增加站姿穩定度。讓寶寶在水中比較容易站立、獲
得更多的成功經驗。

▶ 因為浮力在水中站立較不費力。

♥ 感受身體重心的轉變,練習姿勢控制的穩定

面對水中浮力和水流的干擾,身體容易失去平衡。寶寶需要練
習身體核心肌肉的使用,適應並感受外力給予的身體重心轉變,
接著學習控制身體的姿勢,嘗試保持平衡感。

♥ 促進手臂肌肉與抓握能力

寶寶使用手掌抓住呼拉圈、適應不同大小的直徑,促進抓握能
力的發展;也需要手臂用力扶著呼拉圈來維持姿勢平衡及穩定,
增加手臂肌肉的活動。

 職能治療師告訴你

寶寶大動作的發展

　　孩子的發展隨著年齡有階段性的成長，不過也有個別化的差異。一般來說，超過一半以上的孩子都能達到該年齡層所該有的動作表現，若孩子超過好幾個月都還沒能把應該會的動作做好，則需要徵詢復健科、兒科醫生或職能治療師的專業意見。

3 ～ 5 個月	趴姿可抬頭、扶著坐時脖子可挺直、拉手可坐起。
6 ～ 8 個月	會自己翻身、爬行、坐得很穩。
9 ～ 12 個月	扶東西可以站、站姿轉坐姿、自己站 4 ～ 10 秒、牽著走。
12 ～ 15 個月	獨立站穩、站姿丟球、站姿轉身、隨音樂律動。
16 ～ 19 個月	扶著單腳站、僵硬小跑步、扶扶手爬樓梯。
20 ～ 23 個月	扶扶手下樓梯、蹲著玩、自己上下椅子。
24 個月以上	雙腳跳一下、踢靜止的球、跑步避開障礙物等。

　　「地板遊戲時間」相當適合給 9 個月以前的寶寶，不論是趴姿、躺姿、爬行探索的遊戲，都有助於寶寶的身體與雙腳的使用，對抗地心引力的練習；而 10 個月以上的寶寶，可以將遊戲或繪本圖卡放在桌面或牆壁，引導孩子在站姿進行遊戲。

　　孩子的成長固然隨著年齡而有展現，但關鍵在孩子要有練習與使用肢體的經驗，透過不斷的探索與練習，孩子才能適齡發展。在水中有浮力的支撐與包覆，對於寶寶剛開始學站的雙腳，也不會有太大的負擔。

蜘蛛人盪鞦韆

適玩年齡：1 歲以上

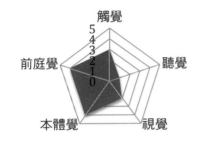

- ✓ 懸臂抓握，促進抓握能力
- ✓ 增加肩膀穩定度

口訣 >> 蜘蛛人要從博物館盪到遊樂園！
　　　　要飛囉！手要抓穩了。

1 讓寶寶坐著或站在泳池的臺階,水位在寶寶的胸口,爸媽站在水裡。

2 爸媽握著寶寶的手腕,寶寶的手抓著爸爸大拇指,爸媽將寶寶的手臂稍微拉高至舉起。

3 前後擺盪(幅度 30cm)讓寶寶往前飛靠近自己或往後飛回到臺階。

♥ 遊戲優點

♥ 懸臂抓握,促進孩子抓握能力

在寶寶的手部肌肉開始有力、主動控制抓放時,可讓他嘗試猴子般的懸臂抓握(如拉單槓),可訓練寶寶的手部對掌功能(大拇指和食指的捏握)及掌內肌肉;但如果發現寶寶快放手時,就讓他休息避免受傷。在水中,因為浮力的支持及身體重量的減輕,比起陸地上可更安全的練習這個動作。

♥ 增加肩膀穩定度,讓孩子更抬頭挺胸

用手臂拉起全身是透過肩胛骨及肩膀的肌肉連結,讓肩胛骨併攏、上背部肌肉用力。根據兒童發展,8 個月的寶寶在地上攀爬時就有基本的肩膀穩定度,年齡再大時攀爬上沙發、爬公園攀爬架、吊單槓、水中撐著岸邊站或被大人扶著站,都能提升肩膀穩定度,有助於挺胸。

♥ 整合本體覺和前庭覺,適應速度與姿勢變化

使用手臂用力將身體撐起的本體覺輸入,結合有速度變化的前庭覺刺激,可以協助孩子調整姿勢變化,如穩定的盪鞦韆、溜滑梯。較沒有前庭覺經驗或是抗拒的孩子,可透過手臂用力將身體拉起的遊戲,提升對自己身體的認知,如感受肩膀及上背的關節擠壓、增加對環境的控制感(拉著家長的手),可讓孩子在有安全感的情況,適應對速度與姿勢的變化。

變化玩法 >>

- 寶寶 1.5 歲後手臂開始有力，可將寶寶舉高離開水面，再往前飛、往後飛。被舉的越高，孩子的肩膀穩定度要越好，在沒有浮力的情況下撐起身體的重量，舉得越高難度也會增加。

- 寶寶 1 歲時的肩膀肌肉發展尚未穩定，在前後擺盪時，爸媽記得不要太快或力道太大，避免寶寶受傷。

職能治療師告訴你

拉著孩子的手臂擺盪，如何避免拉傷？

　　牽拉肘（Pulled elbow）正式學名為「小兒橈骨頭半脫位」，好發於 1 ～ 3 歲的孩子，因為肌肉和韌帶的強度還不夠成熟造成，即手臂在被拉扯的情況下而手肘脫位，最常發生在快跌倒、賴在地上不起來，家長情緒激動力道過大下捉著孩子的手腕（同時孩子的手心向下）拖拉且施力過當牽扯所造成。

　　在水中進行遊戲時，水的浮力會減少身體重量帶給手肘的壓力，且水阻會降低遊戲的速度，只要家長力道不過快、過猛，觀察孩子是否預備好被拉著手臂，就不用擔心孩子會受傷唷！如果孩子因為疼痛而大哭、不願意把手伸直，將手心向下翻到手心向上會有明顯疼痛時，就很有可能是牽拉肘了。

阿拉丁魔毯

★ 遊戲 1「漂浮魔毯」延伸遊戲 ★
適玩年齡：1 歲以上

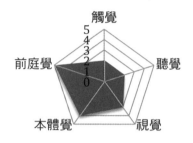

- ✅ 適應各方向的前庭刺激
- ✅ 練習雙腳肌肉活動

||||||||||||||||||||||||||||||||||||||||||||||||||||||||||||||||||||||||||||||||||||||||||||||||||

口訣 >> 寶寶坐穩了，飛天魔毯要出發囉！

準備物品 >>

- 大浮板（長寬至少 1m x 1m）
- 巧拼地墊（確認巧拼組裝是否緊密，可使用兩層巧拼墊增加浮力與安全）

玩法步驟 >>

1 準備一個大浮板，或使用多個巧拼組裝成一個大浮板。
2 協助孩子坐著或趴在浮板上，雙手抓住浮板。
3 孩子坐穩或趴穩（四肢撐在大浮板上）後，由爸媽移動浮板帶著孩子緩慢前進，孩子需嘗試在大浮板上維持姿勢，不因為移動而掉落。
4 請孩子嘗試半身趴在浮板上，一邊利用浮板漂浮，一邊踢水前進。之後再讓孩子嘗試自己踢水前進。

變化玩法 >>

- 調整浮板移動的速度及方向，先從直線／橫向的移動開始，再緩慢地旋轉或嘗試不規律的移動方向。
- 配合孩子的發展年齡，逐步引導躺、趴、坐、四肢撐、站、走的不同姿勢平衡。

2 歲以上	3 歲以上
可協助讓孩子挑戰只用雙手雙腳ㄇ字型撐在浮板上（跪／撐）。	可嘗試直立站在漂浮的浮板上，家長需要在旁邊協助以避免落水。

ⓘ 水中感統小叮嚀 ·))

- 當頭與身體呈現水平方向時（趴／躺），因為腳無法碰地，有些孩子會非常緊張、全身用力屈曲而無法成功拿浮板踢水。這時爸媽可給予協助，待孩子情緒放鬆後，提醒他將手伸直拿好浮板；當浮力讓身體呈水平姿勢時，就可以進階引導孩子踢水了。

♥ **適應各方向的前庭刺激,挑戰平衡反應**

因浮力和爸媽推動的外力,浮板會有不同的速度及方向,孩子需要整合並適應不同的前庭刺激,加以控制身體的重心才可在大浮板上維持平衡。

♥ **培養雙腳肌肉活動量,有助走路或增加肌力**

踢水前進時,孩子需要協調雙腳、完成交替動作才能順利完成;不協調的雙腳運動,可能會造成原地轉圈。踢水時的活動量,也有助於雙腳肌肉的活動、增加肌耐力。

♥ **適應在水中移動,建立自信心**

受水的阻力干擾與浮力協助,孩子在水中經驗到和陸地不同的感官刺激,學習在水中使用自己的肢體;成功經驗有助於建立孩子的自信心,同時也可增加親子互動與信任感。

 職能治療師告訴你

尊重孩子的意願,讓孩子對水的興趣能更長遠

爬上大浮板如同使用浮條一樣,對於敏感的寶寶都是需要花時間適應(參考 p.156)。除了一樣可以先幫大浮板潑潑水、推著大浮板前進以外,將玩具放在大浮板上方也能提升孩子想要攀附上去的動機。提醒家長,儘管寶寶對於玩具有興趣,有可能仍只是摸著浮板觀察玩具,這時請記得尊重寶寶的意願和步調,不要一下子就把寶寶推著上浮板,否則只會讓寶寶將大浮板推開喔!

每個寶寶的觀察時間不同,當寶寶開始有動機要嘗試爬上時,家長可以怎麼幫忙寶寶更容易成功爬上去呢?這時可以用您的雙手讓寶寶兩手往前攀附,您一手穩定孩子的上半身,一手協助寶寶的一腳跨上大浮板;當寶寶決定要出發拿浮板上的玩具時,寶寶會自己出一點點出力,就可以成功的爬上大浮板了!過程中,我們分解了爬上大浮板的動作,協助寶寶的肢體做好前幾步驟,讓寶寶先在最低挑戰的情況下就能成功爬上大浮板,有了成功經驗,更有助於提升寶寶的動機喔!

農夫市集

適玩年齡：1.5 歲以上

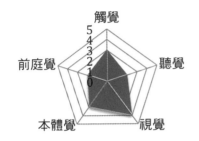

觸覺
5
4
3
2
1
0
聽覺
前庭覺
本體覺
視覺

☑ **增加親水性、身體控制能力**

☑ **建立自信心**

口訣 >> 農夫市集有新鮮的蔬菜水果！
今天晚餐要吃什麼呢？我們一起去買菜，
把菜籃裝滿滿吧！

準備物品 >>

● 洗澡玩具（食物塑膠玩具）

● 潛水玩具

● 籃子

1 協助孩子站在泳池的臺階（教學椅）或斜坡上。

2 爸媽在池邊、水面上放著 3 ～ 5 個玩具（距離孩子一個手臂的距離）。

3 媽媽在前方 100 ～ 150cm 拿著籃子，請爸爸牽著孩子向前走，撿拾玩具並放進籃子裡（走在泳池台階或可踩到地的區域）。

4 可以側走或向前走，重複將全部的玩具放進籃子裡。

變化玩法 >>

- 待孩子適應水後，可以調整孩子的獨立性。讓孩子扶著池邊保持平衡邊向前進，之後再大一點，即可慢慢讓他自己獨立站立及行走。

- 孩子大一點後可以調整玩具的位置，如放在水底，孩子需要蹲下讓臉碰水或潛水才撿得到。

ⓘ 水中感統小叮嚀 ·))）

- 可依據水位、孩子身高及孩子的親水程度調整玩具的深度。

- 若要撿起水裡的玩具，爸媽可以稍微幫忙，讓孩子初期能夠簡單地拿到玩具，先建立孩子的成功經驗，再慢慢調整玩具放置的深度。

♥ **增加孩子的親水性，增加身體控制能力**

引導孩子在水面上拿東西，讓孩子的臉或身體主動的接近水面。如果腳能踩到池底更好，孩子會因為認識環境和熟悉遊戲，而且對身體有控制感，就會慢慢增加自信、不害怕。

♥ **提升觸覺與本體覺的區辨能力**

因水中折射的關係，視覺上對於物體的距離和陸地上會有所不同。如果孩子還不會使用蛙鏡看池底，透過觸覺辨識池底的物品、感受肢體移動與位置改變的過程中，也可以提升本體覺和觸覺的區辨能力，增進肢體運用的表現。

職能治療師告訴你

在陸地上不能玩的孩子，就來水裡玩吧！

有些孩子因為先天的骨頭、肌肉、大腦發展不良，例如肌肉萎縮、成骨不全等，而使生活無法自理、平衡不佳或是動作控制有困難，讓陸地上的體育課和體能活動受到許多限制；而水的浮力、阻力能夠成為孩子的助力，幫助孩子減輕關節負擔、促進肌肉發展、練習平衡感、伸展肌肉、調整姿勢、練習協調、放鬆心情等功效；這也是許多醫療人員都會推廣水中遊戲或水中運動課程的原因。

在水中移動，如果是走路的直立姿勢，最大的挑戰是面對「阻力」與水面下的「擾流」，雖不至於寸步難行，但核心肌肉與雙腳都必須費力的使用，在移動時才能夠維持姿勢穩定。而這也提供相當多的本體覺回饋，協助孩子持續修正自己的動作，完成在水中活動的最佳表現。

除此之外，還有水的最佳助力「浮力」，協助孩子可以更容易地做出在陸地上感到困難或危險的動作，也可以使用浮具，讓孩子可以專注在特定動作練習。

水中溜滑梯

適玩年齡：1.5 歲以上

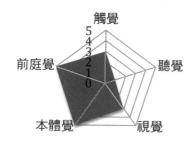

- ✓ 豐富姿勢變化經驗
- ✓ 練習保持身體平衡

口訣 >> 咻！寶寶迫不及待地溜進冰冰涼涼的水啦！

準備物品 >>

- 大浮板（長寬各 50 ～ 60cm 的大巧拼）

玩法步驟 >>

1 媽媽抱著孩子坐穩在大浮板的中間（也可以輕輕牽著孩子的手）。

2 爸爸站在孩子後方，稍稍將大浮板的一側舉起，製造出一個斜面。

3 由媽媽抱著或牽著孩子的手，協助孩子向前滑入水面。

4 若孩子想自己滑，媽媽可以保持一個手臂的距離，等待孩子滑下後，接住、抱起他後給予鼓勵。

變化玩法 >>

- 調整浮板的斜度，坡度越斜、高度變化越大，滑入的速度越快。前庭覺刺激量越豐富，越挑戰孩子的平衡能力。

(i) 水中感統小叮嚀))

- 有些孩子，可能會不顧前方水有多深、是否有漂浮物可攀附就跳進水裡，這時可教導孩子對於水的危機意識及應對，如仰躺保持呼吸或游回岸邊。

- 前庭較敏感的孩子則會很害怕高度的瞬間變化，可緊抱著孩子並放慢速度拉長入水的時間。有助於孩子適應未來玩溜滑梯、盪鞦韆等具速度變化的遊戲。

♥ 豐富的姿勢變化經驗,勇於嘗試各種運動

有別於在陸地上溜滑梯的單一動作,在水中溜滑梯的姿勢會從坐轉換為站、趴或失重並找到回平衡,過程中可慢慢加強對身體的控制,有助應對快速的姿勢變化,除可讓孩子勇於嘗試各種運動外,還有助建立自信。

♥ 練習在各種姿勢都保持平衡

反覆練習讓孩子的身體姿勢做好準備。在滑梯落水的瞬間,孩子需要根據過去本體覺和前庭覺的經驗來做出流暢的預備動作。第一次的起始動作都會有點生疏或僵硬,隨著累積豐富經驗,孩子不僅可學會對下一個預期動作的準備,也可提升孩子的動作控制品質,如看好距離、調整姿勢、雙手張開保持平衡、雙腳伸直準備下水。

▶ 在水中可練習維持各種姿勢的平衡。

職能治療師告訴你

什麼是重力不安全感？

　　重力不安全感的問題，源自於孩子對於前庭覺反應過度敏感，些微的前庭覺輸入，孩子即可能解讀成是具有危險、不安全的，導致孩子出現害怕或逃跑的反應。

　　簡單的日常，上下樓梯、斜坡等；腳離地的動作等被大腦放大解釋就可能出現不安、恐懼、嫌惡的反應（如噁心、頭暈的感覺）。如果懷疑孩子有重力不安全感的情況，先同理孩子，給予孩子心理上的安全感，並盡快尋求專業的協助。

　　重力不安全感常見的表現：

- ✅ 和家長一起下水時（踩不到地、體重改變）會感到不安。

- ✅ 在水中遊戲會緊緊抱著家長或不敢在水中移動。

- ✅ 下樓梯時會特別緊張，甚至需要扶家長或扶著扶手。

- ✅ 站在高處會害怕。

- ✅ 在身體姿勢改變時會顯得緊張、焦慮。

- ✅ 害怕雙腳離地的動作。

- ✅ 跳躍動作的發展比較慢或是品質不好。

- ✅ 害怕、焦慮、拒絕在公園玩盪鞦韆、溜滑梯。

- ✅ 拒絕大動作的活動，如攀爬類型的遊戲

　　若懷疑孩子有重力不安全感的表現，在孩子因為大動作活動而感到緊張害怕時，可多給予大範圍的肢體接觸，讓孩子感受到「安全」，並適當的將動作幅度與難度降低，利用漸進式增加動作難度的方式，提高孩子嘗試的意願，讓大腦有機會重新解讀此動作幅度並不具有危險。此外，需留意避免利用嘲笑、威脅、強迫的方式，以免讓孩子更焦慮、不安，反讓孩子將「大動作遊戲」與「危險與不愉快」的感覺畫上等號。

騎小毛驢

適玩年齡：1.5 歲以上

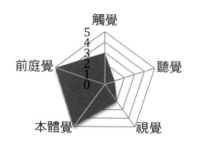

- ✅ **豐富姿勢變化經驗**
- ✅ **練習保持身體平衡**

口訣 >> 我有一隻小毛驢，從來也不騎～
我們坐在浮條上吧！

坐穩囉！

準備物品 >>
- 長浮條
- 小玩具

玩法步驟 >>

1 爸媽在水中將長浮條對折成 U 形，各持一端。
2 讓孩子坐在浮條中間凹陷處，像騎著小毛驢一樣。

3 告知孩子雙手抓緊浮條，爸媽也一手協助孩子握緊浮條，另一隻手可扶著孩子背部，引導孩子雙腳放輕鬆或踢水。

4 爸媽用手幫助孩子保持平衡，一起在水中移動向前進。

變化玩法 >>

● 先讓孩子假裝騎著驢子，在泳池臺階或斜坡走來走去，接著再引導孩子抱著浮條進到水中，協助一起移動。

2 歲	2 歲以上
若有足夠水中遊戲經驗，爸媽再帶著孩子到踩不到地的區域，練習自己維持平衡。	可以在前方放小玩具吸引孩子左右轉向，增加控制平衡的難度；或者加上一些小任務，請孩子幫忙運送東西（一收抓浮條一手拿著玩具），以增加活動的困難度。

♥ 遊戲優點

♥ 練習姿勢控制、保持身體平衡

姿勢控制能力分成維持姿勢平衡（坐姿、站姿），以及穩定控制轉換各個姿勢的能力（如坐到站的過程）。良好的姿勢控制，幫助孩子有效率的完成動作，如踢球時能夠維持單腳站立平衡不會跌倒。此外，使用浮條遊戲時的水流干擾，增加前庭覺刺激的輸入，挑戰孩子控制姿勢的立即反應，也有助孩子姿勢控制能力趨於成熟。

寶寶的核心肌群在做什麼？

從 3 個月到 1 歲，是寶寶發展姿勢控制的重要歷程，姿勢平衡需擁有穩定的核心肌群。核心肌群涵蓋的肌肉群很廣，從胸椎、腰部、腹部到骨盆底肌。

寶寶準備要趴姿抬頭時，在頸部肌肉使用前會先誘發核心肌群，讓寶寶身體先穩定，才能順利抬頭。3 個月以上的寶寶，可以趴姿下抬頭看事物、玩玩具；之後運用到脖子的肌肉使抬頭角度增加；腰、腹部的肌群隨著翻身開始加入，慢慢骨盆的核心肌群配合前面提到的肌群，讓孩子能撐起身體，開始坐及肚子貼地匍匐爬，接著肚子離地小狗爬。

隨著孩子粗大動作的發展，趴姿、翻身、坐姿、站姿，有力的核心肌群能夠維持軀幹胸廓及骨盆的穩定度，以維持在一個正確的角度。這時孩子則更有餘裕去練習精準控制四肢動作，有效率的執行活動，如翻身坐起、坐穩進食。

小無尾熊

適玩年齡：1.5 歲以上

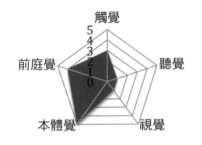

- ✔ **訓練全身肌群**
- ✔ **建立身體基模**

||||||||||||||||||||||||||||||||||||||||||||||||||||||||||||||||||||||||||||||||||||||||||||||||||||||||||

口訣 >> 無尾熊攀在尤加利樹上，不肯下來。

什麼時候會掉下來？

準備物品 >>

● 孩子對家長滿滿的信任

玩法步驟 >>

1 爸媽正面抱著孩子，孩子雙手環抱、雙腳夾著家長的身體，像無尾熊攀在尤加利樹上。

2 爸媽一手托住孩子的屁股，一手輕扶孩子的背，慢慢蹲下且彎腰前傾 45 度，讓孩子的屁股碰到水面。

193

3 等待孩子穩住身體後，爸媽再慢慢放開扶著背的手（只剩支撐屁股的手），讓孩子用力撐住身體、抱緊爸媽，維持屁股輕觸水面。

4 家長可以起身站挺到處走動、前彎著腰在水中走動，或輕輕的上下搖晃。

變化玩法 >>

- 可依孩子的年紀來調整玩法。

2～3歲
家長可以等待孩子抱好，嘗試放開雙手。

3歲以上
家長身體可以更加傾斜，讓孩子平躺碰觸水面。若是喜歡水、會稍微憋氣的孩子，可以等待家長口令，放手跳進水裡。

♥ 遊戲優點

♥ 挑戰全身肌群用力、提升肌肉張力

家長在身體前傾的過程，會增加前庭覺輸入及孩子全程用力所獲得的本體覺輸入。對於肌肉張力較低的孩子，是增加全身肌力與肌耐力的好方式。

♥ 建立身體基模，為動作靈活及協調打基礎

對抗地心引力及阻力的全身性動作除有助於建立身體基模外，也提供了豐富的前庭（改變頭部和地面角度）及本體覺（屈肌用力）刺激，可為爬繩梯、爬單槓、攀岩等靈活運用四肢的抗地心引力的全身性動作、動作靈活度與協調打下好基礎。

- 2 歲以下孩子，家長身體前傾時，需要一隻手扶著孩子屁股。
- 肌肉張力較低或前庭功能較敏感的孩子可能會排斥，若孩子較緊張，可給予較多肢體協助，如逐漸且和緩的增加孩子後躺的角度，適當的鼓勵孩子，讓孩子在正向情緒下參與此遊戲。

職能治療師告訴你

孩子的肌肉軟趴趴，是肌肉張力不足嗎？

在玩小無尾熊或是烤乳豬等需要四肢環抱及身體用力倒掛的動作時，若孩子很難全身手腳同時出力抱緊好幾秒，或是平時肌肉就大多軟軟的，站著時常彎腰駝背或凸肚子；或膝蓋過度伸直、用關節來卡住的方式站著；能坐就不站、能躺就不坐；時常是 W 型坐姿，那就很有可能是肌肉張力比較低。

人的身體能夠動作或是維持姿勢，是因為肌肉、骨骼及關節的共同運作，肌肉負責拉動骨頭，骨頭則帶著身體組織一起移動。你可以想像，人體的骨頭就像是一根一根的小木棒，而肌肉是綁在上面的橡皮筋，在用力的時候會收縮，完全放鬆時也會有基本的彈性與拉力，這個本身的彈性就是肌肉張力（Muscle Tone）。

如果孩子的肌肉張力較低，就會需要更大的能量讓肌肉開始動作，所以就會顯得耐力較低、容易疲勞，學習獨立坐、爬、走路等動作的速度也較慢，在需要全身出力的「環抱倒掛動作」也難以維持。

雖然肌肉張力是天生的，但可以透過前庭刺激來幫忙孩子短暫的提升張力。如在前庭覺刺激活動後，搭配本體覺相關的肌力活動，可加強孩子的肌肉力量與耐力，以彌補肌肉張力不足所產生的影響。在練習的過程中，因為肌肉張力低的孩子會比一般的孩子更容易疲勞，爸媽記得要多鼓勵孩子。

蜘蛛人攀岩走壁

適玩年齡：1.5 歲以上

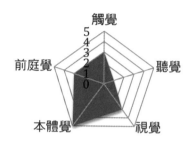

觸覺
5
4
3
2
1
0
前庭覺　　　　聽覺
本體覺　　　　視覺

- ✔ 整合本體覺、
  運用身體各部位
- ✔ 增加手臂和手掌力氣

口訣 >> 蜘蛛人飛簷走壁，要抓壞蛋了。

別跑！看你往哪跑！

準備物品 >>

- 塑膠玩具

蜘蛛人

抓壞蛋了……

壞蛋

玩法步驟 >>

1 爸媽先示範如何以手指緊扣著岸邊。

2 爸媽與孩子面向岸邊,一手環抱著孩子,另一手協助孩子用雙手抓著岸邊,引導孩子用手支撐著自己身體。

3 將孩子喜歡的玩具放在他伸手可及的距離,爸媽一手抱著孩子側向移動,一手引導孩子移動雙手和雙腳位置,往玩具方向攀移,如同蜘蛛人飛簷走壁一般。

變化玩法 >>

● 可依孩子的年紀來增加移動時的障礙物。

2 歲以上	3 歲以上	4 歲以上
2 歲以上爸媽可以試著放手,讓孩子嘗試自己用雙手攀爬岸邊,左右移動去抓玩具。	可增加岸邊的障礙物,請孩子攀爬移動時,雙手要橫越玩具、保特瓶等物品;抓到玩具後可以引導孩子踢牆、轉身跳向家長。	可增加攀爬表面的水中障礙物,孩子攀爬移動到目標玩具的過程中,可爬越爸媽(或梯子)後,繼續向旁邊移動。若孩子已經學會游泳踢水,可請他在轉角處將手腳放開、跳躍或游泳到另一個牆面。

(i) 水中感統小叮嚀 ·))

● 只要孩子踩不到地,爸媽要保持在孩子身旁協助與保護,避免 2 歲以下的孩子抓不住,導致雙手鬆開而直接跌落水裡。此外,也要注意在孩子攀爬與轉頭的過程避免碰撞臉或頭部。

💛 **豐富身體各部位的運用經驗，增進動作計畫與協調**

攀爬的過程，需要找到支撐的岸邊，向目標前進，或避開障礙物。這個過程讓孩子以前所未有的方式在水中移行，豐富肢體運用經驗，可增進動作計畫能力，也讓孩子的肢體更加協調。

💛 **訓練手臂和掌內肌的肌力，提升生活自理能力**

岸邊攀爬遊戲，抓緊邊緣且撐住自己到處移動，可練習孩子的手臂與掌內肌群。肌力和肌耐力的增加，提升孩子的生活自理能力，如抓褲頭、整理衣襬、拉著鞋背、穿脫襪子、握筆、畫畫等動作更有效率。

 職能治療師告訴你

感覺統合會影響孩子的穿衣發展？

穿脫衣物的能力是孩子生活自理中很重要的面向，能讓孩子更獨立，負起照顧自己的責任。要學會穿脫衣物的動作，是需要練習的，感覺統合將會影響孩子學習的過程與結果。

從感覺統合中的感覺調節來看，若孩子對觸覺過於敏感，太緊或特定材質會讓孩子感到不舒服；衣物卡住肢體的感覺也經常讓孩子挫折，使孩子在過程中失去耐心，甚至逃避練習。

其次，孩子在練習穿脫衣物時，需要知道自己的身體在空間中的位置、不同部位間的關聯性，及身體與衣物間的相對空間關係、肢體應該如何動作，知道並能感覺、使用剛好的力量操控衣物，才能將衣物套進或脫離身體。

因此良好的感覺調節、感覺區辨、身體基模與運用肢體的多次練習，才能學會自己穿脫衣物。

青蛙跳

適玩年齡：2 歲以上

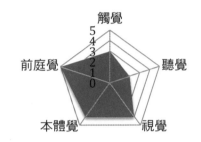

- ✅ 增進孩子的警醒度
- ✅ 提升動作運用能力

‖‖‖

口訣 >> 一隻青蛙一張嘴，兩隻眼睛四條腿，

撲通！撲通！跳下水……。

1、2、3，跳！

1 爸媽面對面（約距離 50 ～ 100 公分或一個手臂長），爸爸雙手托住孩子的腳底，說：「青蛙要準備跳水了！」

2 協助孩子曲膝、雙腳向下彎，蹲站在爸爸手上。接著爸爸數「1、2、3，跳。」配合孩子將雙腳伸直往前蹬的時機，爸爸順勢把孩子往前推出去。

3 讓孩子跳往媽媽的懷裡，媽媽準備抱住跳過來的孩子。

4 媽媽接住孩子，給予孩子大大的鼓勵。

變化玩法 >>

● 爸爸推得越大力，速度就越快，前庭的刺激就越豐富。

● 家長的距離越遠，孩子就需要跳得越遠。2 歲的寶寶，家長彼此距離 50 ～ 100 公分（一個手臂距離內），3 歲以上的孩子可距離 100 ～ 150 公分。

♥ 遊戲優點

♥ 速度及動作變化的刺激，增進警醒程度

當孩子沒反應、或放空不專心時，就可以玩這種不預期動作（雙腳施力、跳的時機不同，距離就會不同）、瞬間改變動作（從蹲姿到俯趴）的遊戲，可活化大腦的活動狀態，提升專注力及警醒度。

♥ 全身活動增進動作運用能力

透過全身活動來建立孩子的身體基模，一連串的動作計畫，再加上指令與練習，可提升孩子運用肢體的能力。

 水中感統小叮嚀

- 等待孩子預備好，說明雙腳彎曲、站穩、身體前傾、跳出去的步驟，孩子會有心理準備，這樣更有安全感，也願意主動嘗試。可以先抱著孩子在家長之間來回傳遞，適應速度與位置改變。

職能治療師告訴你

蹦蹦跳跳，孩子幾歲開始會跳躍呢？

孩子最初期的跳躍動作發生在 2 歲左右，開始會扶著欄杆或由家長牽著雙手，用雙腳原地蹦跳。

2.5 歲

會跳躍下小台階，平時走樓梯、下階梯或餐後散步返家的路上，都可以牽著孩子練習。

---

3 歲

開始可以抵抗地心引力向上跳，還能更有力的向前跳遠，生活中也可以沿著磁磚玩跳房子遊戲。

隨著年齡的增長，跳的高度越來越高、距離也越來越遠。

---

5 ～ 6 歲左右

孩子會單腳跳，此時跳躍技巧隨著對身體控制的成熟而精進，還可以兼顧節奏快慢、動作計畫及控制，做出跳繩等較複雜的跳躍動作。

製造大海浪

適玩年齡：2 歲以上

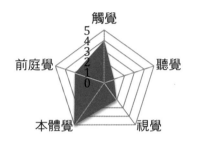

- ✅ 培養手臂肌肉力量
- ✅ 促進動作控制能力
- ✅ 適應水流的觸覺輸入

口訣 >> 一起製造海浪吧！

一波一波的海浪，把小球推到好遠的地方。

準備物品 >>

- 大／小浮板
- 塑膠小球

玩法步驟 >>

1 在水面上放置小球。

2 協助孩子站在水中的臺階上,使用雙手或單手揮動水面,製造出波浪,並透過波浪將塑膠小球推出去。

3 爸媽用手製造波浪,請孩子抓住快被波浪推走的小球。

變化玩法 >>

● 3 歲以上,可請爸媽和孩子面對面站在臺階上,爸媽向孩子推動浮板製造波浪,將球推向孩子;再請孩子向爸媽推動浮板製造波浪,將球推回。

● 製造的波浪越大、速度越快,手臂越費力,球也會被推得越遠。

♥ **遊戲優點**

♥ **挑戰推動水阻,培養手臂肌肉力量**

手張開的面積越大、使用的浮板越大,推動水流產生的水阻越大。對抗水阻的過程,手臂肌肉會大量收縮與使力而得到足夠的肌肉運動。

♥ **水阻提供豐富本體覺回饋,促進動作控制能力**

推動過程所產生的水阻,會在肌肉之間產生相當多的本體覺刺激,引導孩子感受手臂移動的方向是否需要修正,有助於練習動作控制。

♥ **水阻與水流的干擾,練習維持身體平衡**

泳池中活動的特殊性,是水流會因為身體或肢體的移動產生一個流體動力,並持續被製造而干擾孩子。透過感受前庭覺回饋,在身體搖晃或傾斜時,適度修正自己的姿勢,可練習維持身體平衡。

水中遊戲讓寶寶的平衡感控制更佳

水的特性對未滿一歲寶寶的發展有很多優勢，如本書強調的：

✅ 水的浮力減輕寶寶的體重，浮力的包覆感能夠支撐身體。

✅ 水阻讓全身肌肉運動，還有更多的前庭、本體和觸覺感官刺激。

挪威和美國的研究都提到，水中活動或遊戲能夠幫助寶寶的平衡感、移動能力和粗大動作的發展。如輔助寶寶撿起水中的玩具、抓住水面上漂浮的玩具、站在水裡完成活動任務、在水中走路、拿著浮板維持平衡等。

研究也證實，寶寶能夠透過這些有任務的站姿遊戲得到動作學習的效果，以及在控制姿勢自由度（身體、膝蓋、大腿、腳踝的各種活動範圍）與身體協調能力得到很好的挑戰與練習。

寶寶對於姿勢自由度的控制可透過練習得到經驗，學習如何在整個動態的過程中收放自如地控制，及學習面對姿勢改變所需要的新動作技巧。這些都能夠讓寶寶增加動作控制的各種彈性和改善姿勢控制。

不只是單純在水裡玩，我們可以設計有目標、任務的遊戲，爸媽在遊戲過程也要協助寶寶控制和維持身體重心，讓寶寶隨著年齡增加，累積各種調整姿勢的平衡反應，擁有足夠的遊戲時間和豐富的探索經驗。

小企鵝走走

適玩年齡：2 歲以上

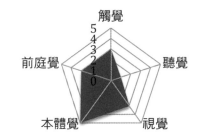

✅ 學習控制身體

✅ 訓練平衡感

口訣 >> 冰面的路好窄啊！

地上好多小碎冰，小企鵝別被絆倒了。

準備物品 >>

● 潛水玩具

玩法步驟 >>

1 讓孩子站在泳池可踩地的範圍內，水深約在孩子的肚子到肩膀間，例如兒童池或 Spa 池。
2 在池底放一些潛水玩具當作障礙物。
3 接著請孩子沿著直線走路，跨越或避開地上的障礙物。
4 可逐漸增加池底障礙物的數量。

變化玩法 >>

- 水位越深，孩子行走時需抵抗的水阻越大，走路前進和維持平衡感會變得困難。
- 製造水流干擾，爸媽也可以嘗試在水面下製造水流干擾。

遊戲優點

♥ **適合初期練習走路**
在水中走路因為水包覆全身，提供脊椎保護及支持，跌倒的速度也較陸地緩慢，很適合初期練習走路的方式。

♥ **學習控制身體、放慢速度及專注**
當孩子手上拿著裝水的杯子時走路都會特別小心。同理，在水底放一些障礙物，規定要踩到或避開障礙時，孩子就會練習控制自己的肢體，或是放慢速度，過程中就會更加專注。

♥ **訓練平衡感**
在水中行走會搖搖晃晃、不穩，是因為浮力讓重心位置改變、提高。維持平衡時，控制身體主動肌、拮抗肌交互作用的過程，會讓姿勢更加穩定，並提升走路的平衡感。

- 開始時爸媽可協助扶著孩子，孩子也可以選擇扶著牆壁、岸邊維持平衡，或是嘗試讓雙手手臂打開維持平衡。

職能治療師告訴你

小孩走路為什麼搖搖晃晃？

人體有如倒立的單擺系統，身體的晃動及行走，有如鐘擺擺晃動，當重心擺動時，支點的足踝系統會保持平衡以避免跌倒。

人的重心（Center of Gravity, COG）位於骨盆內。由於重力垂直向下，重心投射到地面位置會在雙腳中間；而支撐基底（Base of Support, BOS）就是雙腳著地而圍起來的區域連線。

一個站姿或走路很穩的人，重心會落在支撐基底的範圍內。BOS越寬闊，站得就越穩。就像身形魁武的保鏢通常腳距較寬而顯得穩如泰山；模特兒雙腳併攏的走台步，重心快掉到支撐基底之外，就顯得搖搖欲墜。小企鵝走走遊戲就是在縮小孩子的支撐基底，挑戰如何維持重心、訓練平衡感。

站立時人的重心：

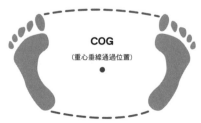

COG
（重心垂線通過位置）

火車快飛

★ 遊戲 3 「搭小船」延伸遊戲 ★
適玩年齡：2 歲以上

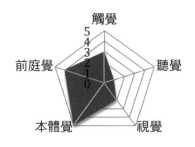

- ✅ 學習合作、適應團體活動
- ✅ 挑戰身體控制與平衡

||||||||||||||||||||||||||||||||||||||||||||||||||||||||||||||||||||||||||||||||||||

口訣 >> 噗噗噗，火車要出發囉！大家一起來搭火車。

準備物品 >>

- 長浮條
- 塑膠小球
- 漂浮玩具

玩法步驟 >>

1 在水面上放幾個漂浮玩具。將 2 ～ 6 條長浮條放在水中（配合爸媽和孩子的體重，再決定增減數量）。

2 孩子在前、爸媽在後，以雙臂夾著浮條呈身體前傾的姿勢（浮條前端須固定綁緊）。

3 爸媽與孩子的距離間隔約 50cm，隨著年齡與身型而增加。

4 讓孩子用力踢腿或用雙手划水，讓浮條火車移動。爸媽也需要跟著踢水，和孩子合作前進。

5 請孩子往玩具的方向前進，並抓取指定的玩具。

(i) **水中感統小叮嚀** ·))

- 若是有兩個孩子合作使用浮條，爸媽的視線需要維持在孩子身上，隨時準備提供協助。若孩子不習慣自己抱著或夾著浮條，或無法立刻和別的孩子合作，可由爸媽一起抱著浮條前進。

- 如果是多個孩子一起遊戲，考量加總起來的體重，則需要較多數量的浮條，以支撐和協助孩子們在水中的前進和遊戲。

變化玩法 >>

- 可以和其他小朋友合作玩團體遊戲，就像火車車廂接龍，一節一節的跟上吧！

- 短浮條的浮力較小，需要控制全身肌肉來保持平衡，適合一個孩子使用；長浮條的浮力較大，適合兩個孩子合作，或是和家長一起使用。

3 歲以下	3 歲以上
浮條前端須固定綁緊。	浮條前端不須固定。

♥ **學習合作遊戲，適應團體活動**

與家長或其他孩子一起抱著浮條移動，需要配合彼此的節奏、共同認知遊戲目標並一起解決問題等多方面的互動，有助適應團體活動、建立夥伴關係。

♥ **水流的搖晃干擾，挑戰身體控制與平衡**

浮力和水流的干擾，會提供極多的前庭覺和本體覺回饋，讓孩子整合肢體和身體的控制。對重力不安全感或對踩不到地會緊張的孩子是一種挑戰，在遊戲中使用浮具、移動並練習控制身體平衡，都有助於建立在水中的自信心。

♥ **對抗水阻可以培養四肢肌耐力和增加活動量**

浮力讓孩子體重減輕，更容易活動肢體。使用浮條踢水、划水前進的過程，因為要對抗水阻，會活動到全身與四肢的肌肉，可培養肌肉耐力。在家長的協助下，可練習特定的肢體動作，例如踢水等。

團體課程讓孩子更能適應學校生活

澳洲的研究發現，參加水中課程的寶寶發展里程，優於該年齡所需具備的標準。也就是說，早期參加水中課程的寶寶，發展比同齡的寶寶更加成熟，特別是對寶寶的生理、認知發展能力都有益處。因為課程設計是團體形式進行，同時發現這樣的寶寶在銜接就學生活時，比較適應團體生活，也增加了孩子在團體當中的互動能力。

專家建議水中課程除了學習游泳，還有自救能力的啟蒙練習。水中遊戲不只是一個休閒娛樂，也是一個很棒的運動項目，更重要的是，要讓孩子更喜歡水。

壓扁吐司、壓扁麵條

適玩年齡：2.5 歲以上

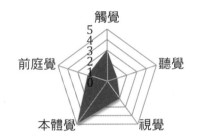

- 培養雙側手臂肌力
- 促進動作控制能力
- 豐富假扮遊戲的想像力

口訣 >> 壓一壓，把吐司、麵條通通放進水裡吧！

準備物品 >>

- 巧拼墊（浮板）
- 空保特瓶（浮條）

玩法步驟 >>

1 讓孩子站在兒童池或泳池階梯上。

2 將巧拼（浮板）當作吐司，保特瓶（浮條）當作義大利麵，放置於水面。

3 爸媽和孩子一起合力把一個巧拼或保特瓶壓進水裡，跟孩子說，「我們一起把吐司和義大利麵壓進水裡。」

4 引導孩子使用身體的任何一個部位，把巧拼或保特瓶用力壓進水裡。

5 練習壓個幾秒再放開。同時問孩子，「比一比，誰可以把吐司和麵條藏在水裡比較久、比較深？」

變化玩法 >>

● 調整浮板／浮條（吐司或麵條）厚度，如增加巧拼的數量，或是選擇較厚的浮板、較粗的浮條。浮板重疊越多（增厚）、浮條越粗，越難壓進水裡。

● 調整浮具和水的接觸面積，先練習將巧拼墊以「垂直」方式壓入水裡，等到手臂力氣比較強壯，再嘗試以「水平」方式壓入水中。

ⓘ 水中感統小叮嚀))

● 道具的浮力越大，壓入水裡越費力。簡單到難依序為：空保特瓶、巧拼、浮條、浮板。

● 動作和浮力方向相反，所產生的阻力能夠提供關節與肌肉足夠強度的本體覺刺激，讓肌肉做更多的收縮，來訓練肌肉力量。

♥ 練習使用雙手，培養雙側手臂肌力

剛開始練習按壓浮板或浮條，需要使用雙手平穩的壓入水中。不只是讓孩子的小腦功能活化使用，還能學習協調控制雙手臂肌肉，並且因為要對抗浮力的阻力，有助培養手臂肌力。

♥ 阻力活動提供本體覺回饋，促進動作控制能力

向下推動浮具產生的水阻，因動作和浮力的方向相反，能夠提供關節與手臂肌肉足夠強度的本體覺刺激。透過本體覺回饋，孩子要感受控制浮具的方向，進一步調整雙手臂的動作與協調，有助於孩子練習動作控制，並類化至生活中需要費力的活動。

▶ 練習使用雙手，可以培養
　手臂肌力。

♥ 練習身體核心肌肉，維持姿勢平衡

下壓浮具的過程，會感受到反作用力（浮力）的干擾，影響孩子整體的平衡感。孩子必須控制身體重心，多加練習核心肌肉的使用，減少浮力影響姿勢平衡，嘗試維持身體的穩定度，才能順利推動浮具。

感覺也會餓？什麼是「感覺尋求」！

感覺閾值高的孩子（請參見 P. 64）常出現「感覺尋求」行為，就像是肚子餓要找食物吃，感覺尋求的孩子 會做出許多動作來滿足各種感覺的「飢餓感」。

有些在家中調皮、奔跑、亂跳的孩子，可能就是在尋找「前庭覺」或「本體覺」食物。就像每個孩子胃口大小不同，對於各個感覺系統的需求量也不同，因此出現感覺尋求的行為時，除了制止孩子外，更需理解其實孩子的感覺系統還處於飢餓不被滿足的狀態。

以下簡單舉例各個感覺系統中常見的感覺尋求行為，以及家長可以嘗試的小活動：

✅ **前庭覺尋求：**
靜不下來、跑來跑去、喜歡搖頭晃腦。可多帶孩子玩溜滑梯、盪鞦韆、奔跑的遊戲。

✅ **本體覺尋求：**
喜歡用力丟東西、故意碰撞其他孩子、遊戲方式常常很粗魯。不妨讓孩子多執行出力的活動，如搬拉推重物、揹書包、提袋子等。

✅ **觸覺尋求：**
常摸東摸西、2 歲後仍大量的玩食物、常摳手或指甲。建議可玩沙、黏土、增加洗澡時的玩水時間、嘗試需要手指出力的活動，如拼組積木、擰毛巾等。

水中拔河

適玩年齡：3 歲以上

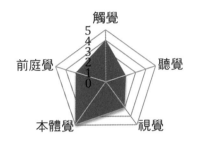

觸覺
5
4
3
2
1
0
前庭覺　　　　　　聽覺

本體覺　　　　　視覺

✅ 使情緒更緩和穩定
✅ 提升手部肌肉力量與耐力

口訣 >> 比比看誰的力氣比較大，1、2、3、用力，
　　　　1、2、3、用力！

準備物品 >>

● 浮條或彈性繩或毛巾

1、2、3、用力

1 和孩子面對面站在兒童池內（水深到胸口）。
2 爸媽準備一條浮條，並在正中間用紅色鍛帶做標記。
3 爸媽和孩子各拉著浮條的一邊，請孩子數，「1、2、3」用力拉。
4 引導孩子「拔河」——以雙手交替往前握住浮條，並慢慢往自己的方向拉，將標記拉到靠近自己的雙手就獲勝。
5 不論孩子贏或輸，都給予大大的鼓勵。

變化玩法 >>

• 選擇摩擦力、粗細不同的材質，可豐富孩子的抓握動作經驗，如彈性繩、毛巾等。

ⓘ 水中感統小叮嚀))

• 注意安全，請孩子站穩，避免用力拉時向後跌倒。

❤ 出力的本體覺活動，使情緒更緩和穩定

自然的狀態下，警醒度在一天中是起起伏伏的，無法隨著情境要求調整時，才會成為困擾。孩子的腦部還在發展中，無法穩定的像大人判斷情境來讓自己維持適當的警醒度，因此可以透過出力的本體覺輸入來調節，使孩子的情緒更緩和、穩定。

❤ 提升手部肌肉力量與耐力

在拔河比賽中，雙手不只要用最大的力量握著浮條，也需要持續用力至比賽時間結束，這考驗了孩子的手部肌肉力量與耐力。

職能治療師告訴你

競賽遊戲對孩子的益處

競賽遊戲約在 3 ～ 4 歲左右開始發展，孩子會在意自己與他人比較後的表現，並藉由競賽遊戲而獲得成就與滿足感。因此，競賽遊戲也是增加孩子動機與注意力的好方式，讓孩子在競賽遊戲中，能發揮自己最好的表現。

值得注意的是，雖然大多數的孩子都能藉由競賽遊戲而增加表現，但仍要留意孩子是否因為太多挫折而呈現放棄的行為。因此，適當難易度的競賽遊戲，慢慢培養出孩子的挫折忍受度，對於學齡前的孩子更為重要。

同時，無論競賽遊戲的輸贏，帶著孩子重視過程中自己與他人「盡全力」的付出，就是競賽遊戲最值得肯定的地方。因此，適當的引導孩子嘗試競賽遊戲，除了提升孩子表現，更能培養孩子「勝不驕敗不餒」的態度喔！

釣到大鯊魚

適玩年齡：3 歲以上

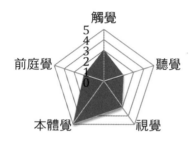

☑ 促進親子關係

☑ 練習雙側手臂肌力

||||||||||||||||||||||||||||||||||||||||||||||||||||||||||||||||||||||||||||||||||||

口訣 >> Baby Shark ～ Baby Shark ～

用釣竿把 Mommy ／ Daddy Shark 釣起來吧！」

準備物品 >>

● 短浮條

● 長浮條

玩法步驟 >>

1 爸媽站在泳池裡，孩子坐在泳池的階梯、平台或教學椅上。

2 取一條浮條，示範「釣魚（拉起浮條）」——以雙手交替往前握住
浮條，並慢慢向後拉。

3 爸媽和孩子分別握緊浮條的兩端，爸媽示範以雙手交替往前握住浮條，並慢慢向後拉，將遠處的孩子拉過來。

4 接著引導孩子用浮條將家長拉至近處，並像釣魚一般將爸媽從水中釣起來（爸媽需放鬆身體、呈現漂浮姿勢）。

5 孩子在泳池裡扮演魚，由爸媽將孩子釣起。

水中感統小叮嚀

- 注意安全，避免孩子用力拉時向後跌倒。

職能治療師告訴你

水的浮力減輕重量

如果在是陸地上，學齡前的孩子要將家長釣起來和拉過來是不太可能的任務。但在水中遊戲時卻可以利用浮力減輕家長的重量，輕易地將爸媽從水中拉近靠向自己。

拉動的過程，孩子可以感受到樂趣，原來自己可以拉得動很重的爸媽，藉此獲得成就感與自信心。依浮力減輕體重的原則，爸媽應盡量把自己的身體泡在水中，孩子才容易拉動；但要離開水面時，爸媽可能需要自己站起來，營造出被釣出水面的情境。

透過遊戲引導結合水的特性、遊戲元素，誘發孩子主動參與的動機，以得到更多肢體嘗試的機會。不只是協助孩子的感覺處理，人際互動也是一個環節，讓孩子有更多互動、輪流、等待的學習。更重要的是，孩子們在水中遊戲是平等且快樂的。

變化玩法 >>

- 準備各種樣式的釣竿，和孩子一起來玩釣魚遊戲。若浮條較長，
  需要雙手交替使用較長的時間、運用肢體協調；若浮條較短，則
  需雙手同步用力。
- 家長在把孩子釣起來的過程，可嘗試左右輕微搖擺浮條，產生外
  力和水流的干擾，挑戰孩子核心肌肉使用。

♥ 遊戲優點

♥ 出力的本體覺回饋，練習雙側手臂與手指的肌力

雖然浮力減輕重量，但孩子要拉起爸媽還是要花一定的力量。
過程中透過手臂傳來重量的回饋，孩子知道應該要更加用力才
能將爸媽拉起來，也因此訓練了手臂與手指的肌肉。

♥ 攀附練習，促進全身肌肉使用

孩子扮演漁夫時，需要運用手臂的力氣才能將家長釣起；扮演
被釣起的魚時，則要全身用力抱緊浮條避免被釣起；整個過程
都要使用全身肌肉，才能穩定攀附不掉落水中。

♥ 豐富假扮遊戲的經驗、培養想像力

假扮漁夫及釣魚的過程，可以讓孩子認知到這是一個扮演遊戲，
同時還可以發揮想像力。此外，爸媽的表情和肢體回饋，會讓
親子互動產生許多樂趣，也會拉近親子之間的距離。

♥ 操作浮條，促進雙手協調

單手使用浮條非常困難，孩子必須要使用雙手操作，交替式的
拉動浮條才能將爸媽從水中拉起。發揮動作計畫與雙側控制，
促進協調能力的發展。

火箭發射

適玩年齡：3歲以上

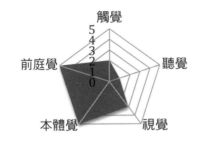

- ✓ 整合感覺訊息應對姿勢改變
- ✓ 促進雙腳跳躍、肢體協調力
- ✓ 培養親子信任感

口訣 >> Zoom zoom zoom……火箭預備發射囉！

請將雙手舉高準備來扮演火箭，1、2、3，發射。

1、2、3、發射！

1 媽媽協助孩子站在泳池的臺階或教學椅上，背朝牆壁、面向水中的爸爸。

2 爸爸協助孩子雙手伸直、手掌靠併攏。

3 請孩子將雙腳彎曲、身體略向前傾，由媽媽協助雙手扶抱住孩子，扮演火箭。

4 配合數 1、2、3，媽媽放手並引導孩子用腳踢（蹬）水池邊的牆壁，扮演火箭，向前發射（漂浮）吧！

5 爸爸在前方等著抓住（抱住）踢牆壁游出來的孩子，重複多次。

水中感統小叮嚀))）

- 考量孩子的自主與能力並配合孩子的親水經驗，家長可先雙手抱著孩子腳踢牆壁、使用浮板或浮條協助，若不需浮具可由孩子自己腳踢牆壁游出。

職能治療師告訴你

前庭感幫助找到身體方向

在水裡翻滾、潛水後能找到水面方向，不只依靠視覺，前庭覺也大有關係。火箭發射遊戲除了挑戰孩子踢牆的能力外，其實更挑戰孩子對於姿勢轉換（身體從直立轉換到水平方向）的能力。

在水中跳躍因為無法第一時間用視覺判斷空間，需要整合本體覺和前庭覺，再配合視覺才能調整成正確的位置或方向。前庭覺敏感的孩子在姿勢轉換的活動中，常常容易顯得焦慮或是過度害怕，因此若孩子無法做出踢牆的動作時，也要記得觀察孩子是否因為緊張害怕而導致不敢嘗試用力踢（蹬）的動作喔！

- 選擇是否用手臂扶牆。手臂有力的孩子，可以協助孩子轉向面對牆壁、背朝向爸爸，雙手扶著牆緣再踢牆仰漂出去；或是面向爸爸，雙手向後抓住樓梯的欄杆，雙腳用力踢欄杆向前漂浮。
- 可以練習用各種姿勢漂浮出去，可先從趴姿開始，再練習仰躺腳踢牆壁。
- 3歲以上水性好的孩子，可以練習各種姿勢的組合（趴、仰躺、側身）。

♥ 遊戲優點

♥ 整合前庭與本體覺，處理姿勢改變

浮力讓身體姿勢可以有不同平面的改變，例如前趴或後躺。孩子的大腦接受到頭部位置改變的訊息，同步整合本體感覺來做出合適的動作，例如在踢牆向前游的過程，肢體已準備要抱住在前面等待的家長。

♥ 適應水阻與浮力來促進雙腳跳躍

浮力讓孩子容易變換成水平姿勢，也因為體重的減輕，孩子容易專注在雙腳彎曲再伸直的蹬牆動作。透過每次讓雙腳練習更加用力，來克服水阻增加自己移動漂浮的距離，也將這個經驗類化到陸地上的跳躍。

♥ 完成連貫動作培養肢體協調能力

透過預備和家長說明，讓孩子思考要如何調整自己的動作；用腳踢牆的過程，需面對水阻、浮力，孩子需要適應並學習在水中控制自己的肢體，才能游得遠。連貫的動作可培養肢體協調能力及雙腳肌肉爆發力。

Q 要如何發現感覺統合失調的警訊？

A 感覺統合失調的孩子，對進入大腦的感覺訊息無法有效率的管控。若把大腦想像為一座城市，環境中的各種感覺訊息就像是要進入城市的車子；當車子的路線繁亂或交通號誌故障時，載著重要訊息的車子就無法抵達市中心處理。

因此，感覺統合失調的孩子，常常呈現混亂、無組織、對事物不在意及置身事外的行為，影響孩子日常表現與學習效率。例如當孩子在上課時，卻一直聽窗外馬路的聲音（無法有效過濾重要與不重要的聽覺訊息），因而忽略了老師講課內容，導致孩子無法回應老師的問題、無法作出適當的回應。

▶ 水中遊戲有助訓練孩子的
感覺統合。

感覺統合失調的孩子，在日常生活中常出現的行為特徵：

食	衣
✓ 嚴重挑食、非常抗拒嘗試新食物。	✓ 強烈排斥盥洗活動，如：洗頭、洗臉、刷牙、剪指甲等。
✓ 排斥咀嚼較硬的食物。	✓ 對於衣物的材質非常挑剔。
✓ 常習慣一直含著食物。	✓ 強烈排斥嘗試戴帽子、穿脫衣物。
✓ 吃飯時間比同年齡的孩子更久。	✓ 堅持穿著鞋襪或堅持不穿鞋襪。
✓ 2歲後仍常出現玩食物的行為。	✓ 4歲後在穿脫衣物的動作仍顯得笨拙、無效率。
✓ 2歲後不會使用吸管或杯子喝水。	✓ 4歲後仍常會將衣褲穿相反或顛倒，甚至自己未發現。
✓ 3歲後仍常常吃的滿桌或是滿身都是。	✓ 對溫度冷熱不敏感，天冷時仍穿很少衣服或天熱時不覺得熱。
✓ 比同年齡的孩子花更長的時間練習使用餐具。	
✓ 容易打翻碗盤、飯菜。	
✓ 3歲後吃飯仍常常坐不住，不到五分鐘就要離開座位。	

住	行
✅ 需要花很多的時間適應新環境。	✅ 大動作發展較慢。
✅ 對於環境的改變容易顯得焦慮。	✅ 2.5 歲後仍非常害怕自己下樓梯，會一步一階或一定要扶持。
✅ 情緒起伏大，常常容易過度興奮或是抗拒等行為。	✅ 跳的動作發展慢。
✅ 睡眠環境變動會嚴重影響睡眠品質，如：換房間、新的床被單等。	✅ 容易表示累，常不願意自己走路，或是走很短的距離就需要休息。
✅ 常會選擇待在公園或教室的角落，避免靠近人群。	✅ 常常好像沒精神的樣子，站姿下會一直找地方靠等。
✅ 好像常常找不到東西在哪裡。	✅ 2.5 歲後常容易絆倒或跌倒。
✅ 一點聲音就會抱怨很吵，很容易因為聲音而有分心的狀況。	✅ 跑步看起來很不協調或是笨拙容易跌倒。
✅ 在家中靜不下來、跑來跑去、喜歡搖頭晃腦。	✅ 抗拒搭乘大眾運輸工具，面對吵雜的環境聲或人群會焦慮不安。

育	樂
✅ 需要花較久的時間學習新事物。	✅ 同儕關係不佳，容易與同儕有爭執。
✅ 好像常常沒有在聽別人講話，或是「有聽沒有懂」。	✅ 不太願意嘗試新遊戲。
✅ 常常不理解遊戲規則或是容易違規。	✅ 非常害怕挫折。
✅ 很容易分心。	✅ 拒絕參與團體遊戲。
✅ 排隊時喜歡排在最後。對不小心的碰觸經常有很大的情緒反應。	✅ 只喜歡玩自己能勝任的遊戲。
✅ 運筆活動或寫字表現不佳，如：字跡潦草、過度用力或筆觸過輕。	✅ 排斥大動作遊戲，如踢球、攀爬、跑步等。
✅ 做事情常呈現混亂、無組織性。整理房間時卻在走來走去。	✅ 排斥精細動作遊戲，如堆積木、拼拼圖、畫畫等。
✅ 在靜態活動中常靜不下來且無法專心。	✅ 3 歲後仍常常坐不到五分鐘就離開位置。
✅ 對於學習充滿挫折與抗拒。	✅ 排斥或尋求過於大量的速度感遊戲，如：溜滑梯、盪鞦韆等活動。
✅ 常不自覺的晃動身體、摳手指、咬指甲。	✅ 排斥需要平衡的活動，如腳踏車。
	✅ 遊戲方式常常很粗魯，經常弄壞玩具。

小提醒！

以上行為是感覺統合失調的孩子常伴隨著的困難，可見感覺統合問題在日常生活中影響層面的廣泛。值得注意的是，並不代表具有以上行為的孩子一定有感覺統合的問題，若對於孩子的感覺統合問題有疑慮，建議尋求職能治療師提供整體的評估與介入。

| 參考資料 |

- Ayres, A. J. （1979）. Watching sensory integration develop. In A. J. Ayres, Sensory integration and the child （pp. 13-25）. Los Angeles: Western Psychological Service.

- Ayres, A. J. （1979）. What is sensory integration dysfunction? In A.J. Ayres, Sensory integration and the child （pp. 47-60）. Los Angeles: Western Psychological Service.

- Australian Government, Department of Health and Aging. （2009）.The role of parents in children's active play. Get up & Grow. Healthy eating and physical activity for early childhood. Retrieved from http://www.health.gov.au/internet/ main/publishing.nsf/ content/phd-gug-hw20

- Canadian Paediatric Society（2003）. Swimming lessons for infants and toddlers, Paediatrics & Child Health, 8 (2), 113–114. https://doi.org/10.1093/pch/8.2.113

- Centers for Disease Control and Prevention. Positive parenting tips. Retrieved from https://www.cdc.gov/ncbddd/childdevelopment/positiveparenting/index.html

- Chang, Y. K., Hung, C. L., Huang, C. J., Hatfield, B. D., & Hung, T. M.（2014）. Effects of an aquatic exercise program on inhibitory control in children with ADHD: A preliminary study. Archives of Clinical Neuropsychology, 29(3), 217–223.

- Dunn, W. （1997）.The impact of sensory processing abilities on the daily lives of young children and their families: A conceptual Model. Infants & Young Children, 9(4), 23-35.

- Dunn, W. （2007）. Supporting children to participate successfully in everyday life by using sensory processing knowledge. Infants & Young Children, 20(2), 84-101.

- Faerch, U. （2018）. Happy babies swim: Creating stronger relationships between parents and children through the gift of swim paperback. California : Createspace Independent Publishing Platform

- Folio, M. R. ,& Fewell, R. R.（2000）. Peabody Developmental Motor Scales (2nd ed.). Austin, TX: Pro-Ed.

- Ginsburg, K. R.（2007）. The importance of play in promoting healthy child development and maintaining strong parent-child bonds. Pediatrics, 119(1), 182-191.

- Gjesing, G.（2002）. Water-based intervention. In A. C. Bundy, S. J. Lane, & E. A. Murray (Eds.), Sensory integration: Theory and practice（pp.345-349）. Philadelphia: F. A.Davis.

- Henderson, A.（2005）. Self-care and hand skill. In A. Henderson. & C. Pehoski (Eds.), Hand function in the child（2nd ed., pp. 193-216）. St. Louis: Mosby Elsevier.

- McManus, B. M., & Kotelchuck, M.（2007）. The effect of aquatic therapy on functional mobility of Infants and toddlers in early intervention. Pediatric Physical Therapy, 19(4), 275-282.

- Moreno, E.（2016, Augest 31）. What's happening inside your kid's brain while they play ? These rat craniums give us clues. [Web blog message]. Retrieved from https://medium.com/@playgroundideas/whats-happening-inside-your-kids-brain-while-they-play-these-rat-craniums-give-us-clues-fa2aa091a0c2

- Parham, L. D., & Mailoux, Z.（2010）. Sensory integration. In J. Case-Smith. & J. C. O'Brien (Eds.), Occupational therapy for children（6th ed., pp. 325-369）. St. Louis: Mosby Elsevier.

- Shepherd, J.（2010）. Activities of daily living. In J. Case-Smith. & J. C. O'Brien (Eds.), Occupational therapy for Children（6th ed., pp. 474-517）. St. Louis: Mosby Elsevier.

- Sigmundsson, H., & Hoplins, B.（2009）. Baby swimming : exploring the effects of early intervention on subsequent motor abilities. Child Care Health Development, 36(3), 428-430.

- Sigmundsson, H., Lorås, H. W., & Haga, M. （2017）. Exploring task-specific independent standing in 3- to 5-month-old infants. Frontiers in Psychology, 8, 657. https://doi.org/10.3389/fpsyg.2017.00657

- Whelan, W. F., & Stewar, A. L. （2013）. Attachment. In C. E. Schaefer. & A. A. Drewes (Eds.). The therapeutic powers of play: 20 core agents of change （2nd ed., pp.171-184）. Canada, New Jercy: Wiley.

- Yogman, M., Garner, A., Hutchinson, J., Hirsh-Pasek, K., Golinkoff, R. M., Committee on Psychosocial Aspects of Child and Family Health, & Council on Communications and Media. （2018）. The power of play: A pediatric role in enhancing development in young children. Pediatrics, 142(3), 1–17.

- 林美伶、張玲慧（2014）。共同職能的文獻回顧. [Literature Review of Co-Occupation]。臺灣職能治療研究與實務雜誌,10(1),49-60。

- 簡慧宜、曾威舜、黃妍榛（2019）。嬰幼兒水中律動。臺北市：三民。

- 曾威舜譯 / 原作 Elizabeth Moreno。
  原　文：What's happening inside your kid's brain while they play？These rat craniums give us clues. 眼底城事專欄節錄。

- 臺北市政府衛生局。台北市學前兒童發展檢核表第二版。
  2021 年 05 月 23 日，取自
  https://health.gov.taipei/News_Content.aspx?n=890BB287E6A590F0&sms=FE
  DD3204A66CD37D&s=341720F573D7CFC9

國家圖書館出版品預行編目 (CIP) 資料

孩子的水中感統遊戲：53 個有趣‧好玩的浴室‧水
池遊戲‧啟發孩子的 7 大感覺統合系統‧提升學習
力 / 曾威舜, 吳孟潔, 呂家馨, 吳宇辰著 . -- 初版 . --
臺北市 : 新手父母出版, 城邦文化事業股份有限公司
出版 : 英屬蓋曼群島商家庭傳媒股份有限公司城邦
分公司發行, 2021.06
　　面 ;　　公分 . -- (好家教 ; SH0173)

ISBN 978-986-5752-96-5(平裝)

1. 育兒 2. 親子遊戲 3. 兒童發展

428.82　　　　　　　　　　　　110007081

孩子的水中感統遊戲

53 個有趣・好玩的 浴室 + 水池 遊戲
啟發孩子的 7 大感覺統合系統，提升學習力

作　　　者	曾威舜、吳孟潔、呂家馨、吳宇辰	
選　　　書	林小鈴	
主　　　編	陳雯琪	

行 銷 經 理	王維君
業 務 經 理	羅越華
總 編 輯	林小鈴
發 行 人	何飛鵬
出　　　版	新手父母出版

城邦文化事業股份有限公司
台北市中山區民生東路二段 141 號 8 樓
電話：(02) 2500-7008　傳真：(02) 2502-7676
E-mail：bwp.service@cite.com.tw

發　　　行　英屬蓋曼群島商家庭傳媒股份有限公司城邦分公司
台北市中山區民生東路二段 141 號 11 樓
讀者服務專線：02-2500-7718；02-2500-7719
24 小時傳真服務：02-2500-1900；02-2500-1991
讀者服務信箱 E-mail：service@readingclub.com.tw
劃撥帳號：19863813
戶名：書虫股份有限公司

香港發行所　城邦（香港）出版集團有限公司
香港灣仔駱克道 193 號東超商業中心 1F
電話：(852) 2508-6231　傳真：(852) 2578-9337
E-mail：hkcite@biznetvigator.com

馬新發行所　城邦（馬新）出版集團 Cite(M) Sdn. Bhd. (458372 U)
11, Jalan 30D/146, Desa Tasik,
Sungai Besi, 57000 Kuala Lumpur, Malaysia.
電話：(603) 90563833　傳真：(603) 90562833

封面、版面設計 / 鍾如娟
內頁排版、插圖 / 鍾如娟
製版印刷 / 卡樂彩色製版印刷有限公司

2021 年 06 月初版 1 刷　　　　　Printed in Taiwan
定價 420 元

ISBN　978-986-5752-96-5